第1小时：　自测1　绘制卡通表情
　　　　　　　　　　　　　7页
视频地址：光盘\视频\第1章\绘制卡通表情.swf
源文件地址：光盘\源文件\第1章\绘制卡通表情.psd

第2小时：　自测3　绘制质感按钮
　　　　　　　　　　　　　19页
视频地址：光盘\视频\第1章\绘制质感按钮.swf
源文件地址：光盘\源文件\第1章\绘制质感按钮.psd

第2小时：　自测4　设计儿童摄影标志
　　　　　　　　　　　　　24页
视频地址：光盘\视频\第1章\设计儿童摄影标志.swf
源文件地址：光盘\源文件\第1章\设计儿童摄影标志.psd

第3小时：　自测5　设计教育机构Logo　34页
视频地址：光盘\视频\第1章\设计教育机构Logo.swf
源文件地址：光盘\源文件\第1章\设计教育机构Logo.psd

第3小时：　自测6　设计企业名片
　　　　　　　　　　　　　39页
视频地址：光盘\视频\第1章\设计企业名片.swf
源文件地址：光盘\源文件\第1章\设计企业名片.psd

第4小时：　自测7　打造唯美紫色调　50页
视频地址：光盘\视频\第2章\打造唯美紫色调.swf
源文件地址：光盘\源文件\第2章\打造唯美紫色调.psd

第4小时：　自测8　打造梦幻蓝色调　52页
视频地址：光盘\视频\第2章\打造梦幻蓝色调.swf
源文件地址：光盘\源文件\第2章\打造梦幻蓝色调.psd

第5小时：　自测10　制作梦幻彩妆美女　62页
视频地址：光盘\视频\第2章\制作梦幻彩妆美女.swf
源文件地址：光盘\源文件\第2章\制作梦幻彩妆美女.psd

第5小时：　自测11　制作简单创意艺术照　68页
视频地址：光盘\视频\第2章\制作简单创意艺术照.swf
源文件地址：光盘\源文件\第2章\制作简单创意艺术照.psd

第6小时：　自测13　合成冷酷女战士　79页
视频地址：光盘\视频\第2章\合成冷酷女战士.swf
源文件地址：光盘\源文件\第2章\合成冷酷女战士.psd

第7小时：　自测14　制作颓废斜纹潮流文字　98页
视频地址：光盘\视频\第3章\制作颓废斜纹潮流文字.swf
源文件地址：光盘\源文件\第3章\制作颓废斜纹潮流文字.psd

第7小时：　自测15　制作梦幻彩色火焰文字　102页
视频地址：光盘\视频\第3章\制作梦幻彩色火焰文字.swf
源文件地址：光盘\源文件\第3章\制作梦幻彩色火焰文字.psd

第8小时: 自测16 制作炫酷质感立体字
110页

第8小时: 自测17 制作3D透视字
116页

第9小时: 自测18 制作3D立体文字
125页

视频地址: 光盘\视频\第3章\制作炫酷质感立体文字.swf

源文件地址: 光盘\源文件\第3章\制作炫酷质感立体文字.psd

视频地址: 光盘\视频\第3章\制作3D透视文字.swf

源文件地址: 光盘\源文件\第3章\制作3D透视文字.psd

视频地址: 光盘\视频\第3章\制作3D立体文字.swf

源文件地址: 光盘\源文件\第3章\制作3D立体文字.psd

第10小时: 自测21 设计校园歌唱大赛海报
145页

第10小时: 自测22 设计通信DM宣传页
151页

第11小时: 自测23 设计食品广告
162页

视频地址: 光盘\视频\第4章\设计校园歌唱大赛海报.swf

源文件地址: 光盘\源文件\第4章\设计校园歌唱大赛海报.psd

视频地址: 光盘\视频\第4章\设计通信DM宣传页.swf

源文件地址: 光盘\源文件\第4章\设计通信DM宣传页.psd

视频地址: 光盘\视频\第4章\设计食品广告.swf

源文件地址: 光盘\源文件\第4章\设计食品广告.psd

第11小时: 自测24 计活动宣传DM广告
174页

第13小时: 自测25 设计家电促销活动广告
188页

第14小时: 自测27 设计网站弹出广告页面
207页

视频地址: 光盘\视频\第4章\设计活动宣传DM.swf

源文件地址: 光盘\源文件\第4章\设计活动宣传DM.psd

视频地址: 光盘\视频\第4章\设计家电促销活动广告.swf

源文件地址: 光盘\源文件\第4章\设计家电促销活动广告.psd

视频地址: 光盘\视频\第5章\设计网站弹出广告页面.swf

源文件地址: 光盘\源文件\第5章\设计网站弹出广告页面.psd

第15小时：自测28　设计美
食饮品网站页面　　　222页
视频地址：光盘\视频\第5章\设计美
食饮品网站页面.swf
源文件地址：光盘\源文件\第5章\设
计美食饮品网站页面.psd

第16小时：自测29　设计咖
啡馆网站页面　　　232页
视频地址：光盘\视频\第5章\设计咖
啡馆网站页面.swf
源文件地址：光盘\源文件\第5章\设
计咖啡馆网站页面.psd

第17小时：自测30　设计汽车俱乐
部网站页面　　　　　247页
视频地址：光盘\视频\第5章\设计汽车
部网站页面.swf
源文件地址：光盘\源文件\第5章\设计汽车
俱乐部网站页面.psd

第18小时：自测31
设计质感图标　　263页
视频地址：光盘\视频\第6
章\设计质感图标.swf
源文件地址：光盘\源文件
\第6章\设计质感图标.psd

第18小时：自测32　设计手
机界面　　　　　　269页
视频地址：光盘\视频\第6章\设计手
机界面.swf
源文件地址：光盘\源文件\第6章\设
计手机界面.psd面.psd

第20小时：自测33　设计音乐播放器界
面　　　　　　　　　283页
视频地址：光盘\视频\第6章\设计音乐播放器
面.swf
源文件地址：光盘\源文件\第6章\设计音乐播放器
界面.psd

第21小时：自测34　设计软件界面　　293页
视频地址：光盘\视频\第6章\设计软件界面.swf
源文件地址：光盘\源文件\第6章\设计软件界面.psd

第22小时：自测35　制作房地产三折页　　307页
视频地址：光盘\视频\第7章\制作房地产三折页.swf
源文件地址：光盘\源文件\第7章\制作房地产三折页.psd

第22小时：自测36　设计美容产品宣传折页　　　　　　　　　　　　314页

视频地址：光盘\视频\第7章\设计美容产品宣传折页.swf

源文件地址：光盘\源文件\第7章\设计美容产品宣传折页.psd

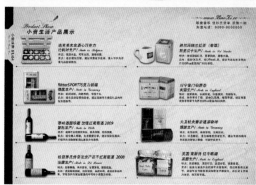
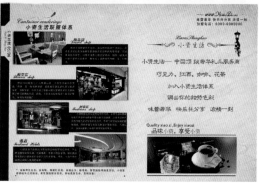

第23小时：自测37　设计招商画册　　　　　　　　　　　　325页

视频地址：光盘\视频\第7章\设计招商画册.swf

源文件地址：光盘\源文件\第7章\设计招商画册.psd

操作方式

将随书附赠 DVD 光盘放入光驱中，几秒钟后在桌面上双击"我的电脑"图标，在打开的窗口中右击光盘所在的盘符，在弹出的快捷菜单中选择"打开"命令，即可进入光盘内容界面。

光盘中的文件夹

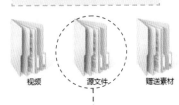

视频　　源文件　　赠送素材

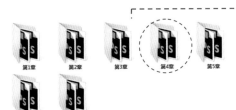

第1章　第2章　第3章　第4章　第5章
第6章　第7章

各章节的实例源文件和素材

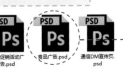

素材　活动宣传DM.psd　家电促销活动广告.psd　食品广告.psd　通信DM宣传页.psd

校园歌唱大赛海报.psd

每章中的案例源文件和素材　　＋　　精美案例效果

"视频"文件夹中包含书中各章节的实例视频讲解教程，全书共 39 个视频讲解教程，视频讲解时间长达 274 分钟，SWF 格式视频教程方便播放和控制。

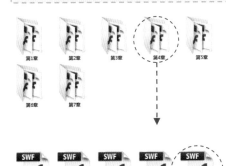

第1章　第2章　第3章　第4章　第5章
第6章　第7章

活动宣传DM.swf　家电促销活动广告.swf　食品广告.swf　通信DM宣传页.swf　校园歌唱大赛海报.swf

实例操作 SWF 视频文件　　　SWF 视频教程播放界面

内容超值

随盘附赠 6000 个 Photoshop 渐变、170 款头发和睫毛笔刷、50 个照片后期效果动作库、500 个丰富实用的形状和 500 个样式效果，使读者在使用 Photoshop进行设计时更加得心应用手。

光盘赠送内容

动作

形状

渐变

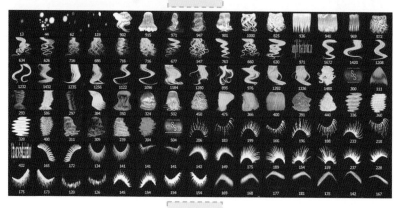

笔刷

Photoshop

中文版

入门到精通

2.4 小时学会

金 昊 等编著

机械工业出版社
CHINA MACHINE PRESS

本书共分为7章，主要以Photoshop的应用范围作为划分依据，包括Photoshop基本操作，照片艺术处理，字体设计，平面广告设计，网页设计，UI设计，企业宣传画册和折页设计。

本书把每一章学习内容细化到小时，学完7章共需24个小时。在每个小时中，安排了不同的知识点和精彩的实例供读者学习、参考。在每一个实例的后面，提供了与该实例相关的操作小贴士，这些小贴士能有效地帮助读者少走弯路，轻松掌握Photoshop的核心操作技巧。

本书是一本Photoshop实用宝典，其主要对象是对Photoshop的基本功能有一定了解的初、中级用户，同时也可以作为广大摄影爱好者进行后期处理的参考用书。

附赠的DVD光盘中提供了丰富的练习素材和源文件，并且为书中的所有自测实例都录制了多媒体视频，不仅便于读者学习本书，而且有助于读者制作出与书中实例同样精美的效果。

图书在版编目（CIP）数据

Photoshop中文版入门到精通：金昊等编著.—北京：机械工业出版社，2012.4

（24小时学会）

ISBN 978-7-111-37516-6

Ⅰ.①P…　Ⅱ.①金…　Ⅲ.①图像处理软件，Photoshop　Ⅳ.①TP391.41

中国版本图书馆CIP数据核字（2012）第027133号

机械工业出版社（北京市百万庄大街22号　邮政编码100037）
策划编辑：杨　源　责任编辑：杨　源
责任校对：纪　敬　责任印制：乔　宇
北京汇林印务有限公司印刷
2012年5月第1版第1次印刷
184mm×260mm·22.5印张·4插页·756千字
标准书号：ISBN 978-7-111-37516-6
　　　　　ISBN 978-7-89433-372-8（光盘）
定价：79.80元

前　言

　　PS对于现代人来说已经不陌生了，日常生活中展现出来的各类PS作品更是让人叹为观止，那么PS究竟是什么？竟然有如此强大的功能！

　　PS是Photoshop的简称，是Adobe公司开发的一款平面图像处理软件，是专业设计人士进行设计的首选软件。PS可以应用于图像处理、平面设计、照片后期处理、网页设计等众多领域，网上广为流传的一句话"只有想不到的，没有PS做不到的"就能够很好地诠释Photoshop的强大功能。

本书章节安排

　　本书通过24小时的时间安排，在每一个小时里以知识点与案例相结合的方式为读者尽可能全面、详实地诠释每一个知识点。因此，本书不是市场上原有图书的重复产品，而是一本具有新思路、很高实用性的图书。

　　全书共分为7章24个小时，采用从零开始、由浅入深、重点突出、理论与实践相结合的方法，全面介绍Photoshop在图像处理方面的方法和技巧。

　　第1章是Photoshop基本操作。本章的学习时间为3个小时，主要介绍图像方面的基础知识和Photoshop的基本操作。在图像基础知识方面，较为详实地向读者介绍了什么是图像颜色模式，以及像素和分辨率等一些数字化图像基础知识；带领大家了解了Photoshop的应用范围，认识了一些Photoshop的基本操作。同时，大量实例的配套练习，会帮助大家更加牢固地掌握知识点。

　　第2章是照片艺术处理。本章的学习时间为3个小时，主要介绍了如何利用Photoshop对照片进行艺术处理。在进行照片处理之前，首先介绍了与数码照片相关的知识，然后整理了一些对计算机中的照片进行浏览、整理、打印、输出的方法和技巧，与此同时，本章给出的各类照片处理案例，为读者今后的实际练习提供了操作模板。

　　第3章是字体设计。本章的学习时间为3个小时，主要介绍了字体的特征、进行字体设计时所要遵循的原则，以及在Photoshop中进行字体设计需要用到的工具的用法。

　　第4章是平面广告设计。本章的学习时间为4个小时，主要介绍了平面广告的相关知识，大量平面广告设计案例的练习，相信会给读者在平面广告创作方面带来不少的灵感。

　　第5章是网页设计。本章的学习时间为4个小时，主要介绍了什么是网页设计、网页设计的分类，以及网页设计中需要注意的问题。在Photoshop操作方面，本章主要介绍了图层蒙版和通道的应用。

　　第6章是UI设计。本章的学习时间为4个小时，主要介绍了UI设计各方面的知识，以及路径和矢量工具的应用，因为在Photoshop中进行UI设计经常要用到路径，所以学好与路径相关的知识，才能把UI设计创作得更加完美。

　　第7章是企业宣传画册和折页设计。本章的学习时间为3个小时，主要介绍了如何制作宣传画册以及Photoshop中滤镜的使用。在Photoshop中，滤镜的使用是个难点，如果读者能够很好地掌握滤镜的用法，那么就能算得上是个Photoshop高手了。

本书特点

　　全书内容丰富、结构清晰，通过7章24个小时的安排，为广大读者全面、系统地介绍了使用Photoshop处理图像的实用技法和相关典型实例。

　　本书主要有以下特点：

　　● 形式新颖、安排合理，通过24个小时的时间安排，力求做到让读者每个小时都有收获，每个小时都能学到不同的操作技巧。学完本书，读者能实现对此软件的快速上手，全方位地掌握该软件的核心技术。

● 每个小时的学习，不仅仅是单纯的理论知识，而是采用知识点与案例相结合的方式，将应用技巧与思路清晰的理论知识和大量的典型案例相结合，形成了立体化教学的全新思路。

● 本书主要从Photoshop的应用范围——照片处理、字体设计、平面广告设计、网页设计、UI设计及宣传画册的设计6大方面由浅入深、循序渐进地讲解了使用Photoshop处理图像的实用技法。

● 本书由具有丰富教学经验的设计师编写，在每一个案例后面都有相关的操作小贴士，这些小贴士都是编者从平时工作中精心提炼出来的实战应用技巧，能够让读者在学习中少走弯路。

● 全书语言浅显易懂，除了配有多媒体讲解外，我们还对书中的配图做了详细清晰的标注，基本上是一步一图，让读者学习起来更加轻松，阅读起来更加容易。

本书读者对象

本书可以作为想掌握PS技术、对PS技术感兴趣的读者以及平面设计人员的参考用书，同时也可作为各类计算机培训中心、各类各级院校相关专业的辅导教材。

本书配套的多媒体光盘中提供了本书所有案例的相关视频教程，以及所有案例的源文件和素材，方便读者制作出和本书案例一样精美的效果。

本书由金昊执笔，张晓景、刘强、王明、王大远、刘钊、王权、刘刚、孟权国、杨阳、张国勇、于海波、范明、孔祥华、唐彬彬、李晓斌、王延楠、张航、肖阁、魏华、贾勇、梁革、邹志连、贺春香参与了部分编写工作。由于时间仓促，书中难免存在不足之处，敬请广大读者朋友批评指正。

编 者

目　录

第**1**章

快速入门

——Photoshop基础操作

从本章开始，我们将学习Photoshop，要想学好Photoshop，努力是必须的，并且我们会教给大家一些学习的方法和技巧。在本章中，我们将学习绘制卡通表情、质感图标和企业标志、名片等简单的平面设计作品，通过本章的学习，你可以轻松入门，掌握Photoshop的基本操作。

下面，让我们一起踏上学习Photoshop的旅途吧！

学习目的	掌握Photoshop的基本操作，并能够设计出图标、按钮等
知识点	选区工具、钢笔工具、渐变填充等
学习时间	3小时

Photoshop图像处理软件的应用为何如此广泛

当今社会已迈入计算机化的时代，传统的设计、编辑、印制等人工操作正迅速被计算机所取代，因此计算机已成为设计人员的必备工具。然而在多如牛毛的图像处理软件中，Adobe公司推出的Photoshop软件的优势地位仍然是不可动摇的，对于设计人员来说，它是一个非常强大的图像处理软件，其运行的稳定性和功能的全面性决定了它必然会是行业内外运用最为广泛的图像处理软件之一，通过它表达出的优秀创意，往往能给人们带来更大的视觉冲击和艺术感染力，这样完善的工具，谁能挡得住它的发展呢？

使用Photoshop设计的精美作品

Photoshop主要用来做什么

Photoshop是一款图像编辑软件，主要用于处理位图图像，被广泛应用于对图片、照片进行效果的制作，以及对在

什么是设计

设计一词来源于英文"design"，以中文来讲，有"人为设定，先行计算，预估达成"的含义。设计在显示生活中所涉及的范围很广，包括

图形与创意

在人类历史的发展过程中，图形以其特有的方式将人类社会文明、进步、发展的里程记载和流传至今，错综复杂的历史记忆浓缩于简洁的图形

其他软件中制作的图片进行后期效果加工。通过对该软件的了解与学习，可以使读者轻松成为一名出色的设计师。

工业、环艺、装潢、展示、服装、平面设计等。

中。这种世界共通的视觉传达语言不仅能够直观地将综合复杂的信息予以形象地表述，使人易于领会，而且还是人们观察自然、总结经验及用于表达思想情感的一种媒介。

第1个小时

在第1个小时里，我们将要学习的是关于图像的基本概念和卡通表情、水晶图标的绘制，并了解图像常见的颜色模式、图像的像素和分辨率等知识点。

▲1.1 常见图像颜色模式

要真正掌握和使用一个图像处理软件，不仅要掌握软件的操作，还要掌握图形和图像方面的知识，如图像的颜色模式。在Photoshop中，颜色模式决定了文档的显示或输出的色彩模式，不同的颜色模式所定义的颜色范围、通道数目及文件大小都是不一样的，所以它的应用方法也就各不相同。下面介绍几种常见颜色模式的特点和运用方法。

1. RGB模式

RGB模式由红、绿、蓝3种原色组合而成，在RGB下的图像都是三通道图像。每一个像素由24位的数据表示，其中，RGB3种原色各使用了8位，每一种原色都可以表现出256种不同浓度的色调，所以3种原色混合起来可以生成1670万种真彩色。

在Photoshop中，RGB模式是最为常见的一种颜色模式，不管是扫描输入的图像，还是绘制的图像，几乎都是以RGB模式存储的。因为，在RBG模式下进行图像处理较为方便，可以使用Photoshop中的所有命令和滤镜，而且其文件大小也会比其他一些模式要小得多，可以节省内存和存储空间。如图1-1所示为RGB模式的图像。

图1-1　RGB模式的图像

2. CMYK模式

CMYK模式由分色印刷的4种颜色组成，与RGB模式的区别在于它们产生色彩的方式不同。如果采用RGB颜色模式打印一份文档，将不会产生颜色效果，因为打印的油墨不会自己发光，因而只有采用一些能够吸收特定的光波而靠反射其他光波产生颜色的油墨。而CMYK模式产生颜色的方法是减色法，就是当所有油墨加在一起时是纯黑色，当某种颜色的油墨减少时才开始出现彩色，当没有油墨时就成为白色，这样就产生了颜色。

如果将CMYK模式中的三原色（黄、洋红、青）等量混合，并不能产生完美的黑色或灰色。因此，只有再加上一种黑色。在CMYK模式下的图像是四通道图像，每一个像素由32位数据表示。在处理图像时，一般不采用CMYK模式，因为这种模式的文件比较大，会占用更多的磁盘空间和内存。此外，在这种模式下有很多滤镜不能使用，所以通常在印刷时才转换成CMYK模式，如图1-2所示为CMYK模式的图像。

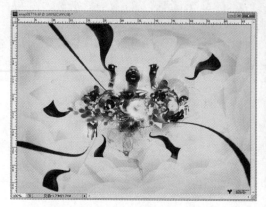

图1-2　CMYK模式的图像

3. Lab模式

　　Lab模式是目前所有模式中包括色彩范围最广的模式，它能毫无偏差地在不同系统和平台之间进行交换。例如，要将RGB模式转换成CMYK模式，Photoshop会先将其转换成Lab模式，然后再将Lab模式转换成CMYK模式，但是这一操作是在内部进行的，所以大多数用户并不知道Lab的这一功能，再加上这种模式并不经常用到，所以大家会误以为这个使用3种分量表示的颜色模式并无多大用处。事实上，在使用Photoshop编辑图像时，就已经开始使用Lab模式了，准确来说，它是一种属于Photoshop内部的颜色模式。如图1-3所示为Lab颜色模式的图像。

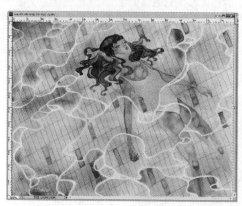

图1-3　Lab模式的图像

4. Bitmap（位图）模式

　　位图模式只有黑、白两种颜色，它的每一个像素只包含1位数据，占用的磁盘空间最小。但是，在该模式下不能制作出色调丰富的图像，只能制作出黑、白两色的图像。当要将一幅彩色图像转换成黑白图像时，必须先将该图像转换成灰度模式的图像，然后再将它转换成只有黑、白两色的图像，即位图模式的图像。

　　在Photoshop中，除了这几种常见的颜色模式以外，还包括特别的颜色输出模式，如索引颜色、双色调颜色等。

▲ *1.2* 像素

　　像素是组成图像的基本单元，当将一幅图像放到足够大的时候，就能看到一些小矩形的颜色块，每个小矩形就是一个像素，也称为栅格。一幅图像通常包含成千上万个像素，每个像素都有自己的颜色信息，它们的颜色和位置决定了图像所呈现出的效果，如图1-4所示。

图1-4 位图放大前后的像素效果

▲1.3 数字化图像基础

数字化图像主要分为两种类型：一种是位图；另一种是矢量图。Photoshop主要用来处理位图。

1. 位图

位图也称为点阵图，是由像素组成的。位图可以表现丰富的色彩变化并产生逼真的效果，很容易在不同软件之间交换使用，但因为它在保存图像时需要记录每一个像素的色彩信息，所以占用的存储空间较大，而且在进行旋转或缩放时会产生锯齿，如图1-5所示。

图1-5 位图及其放大效果

2. 矢量图

使用矢量图这种方式记录的文件所占用的存储空间很小，所以在进行旋转、缩放等操作时，可以保持图像光滑、无锯齿，如图1-6所示。但矢量图不易制作成色彩变化丰富的图像，并且绘制出来的图像也不是很逼真，同时也不易在不同的软件中交换使用。

图1-6 矢量图及其放大效果

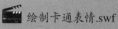 绘制卡通表情.swf

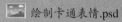 绘制卡通表情.psd

绘制水晶质感图标.swf

绘制水晶质感图标.psd

自我检测

认识了图像的几种常见颜色模式和像素与图像质量的关系后，接下来我们通过两个案例来积累实战经验，为下面的学习打好基础，让我们一起动手吧！

自测1 绘制卡通表情

现代社会中有很多事物都以漫画形式来表现，卡通表情具有生动的直观感受，能给人留下富有幽默情趣的感受。下面通过一个卡通表情的绘制，向读者解析卡通表情的绘制方法。

视频地址：光盘\视频\第1章\绘制卡通表情.swf

源文件地址：光盘\源文件\第1章\绘制卡通表情.psd

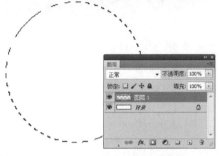

01 执行"文件>新建"命令，在弹出的"新建"对话框中进行相应的设置。

02 新建"图层1"，选择"椭圆选框工具"，按住Shift键绘制正圆形选区。

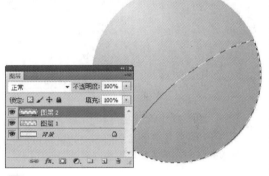

03 选择"渐变工具"，打开"渐变编辑器"对话框，设置渐变颜色，在选区中填充径向渐变。

04 新建"图层2"，使用"钢笔工具"在画布上绘制路径，然后按快捷键Ctrl+Enter将路径转换为选区。

05 使用相同的方法，为选区填充径向渐变，并按快捷键Ctrl+D取消选区。

06 新建"图层3"，使用相同的方法，绘制出相似的图像效果。

07 新建"图层4",使用"椭圆选框工具"绘制椭圆形选区。

08 为选区填充白色,并设置"图层4"的"不透明度"为60%。

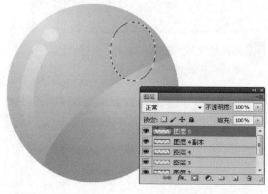

09 复制"图层4"得到"图层4副本",按快捷键Ctrl+T,调整图像到合适的大小和位置,并设置该图层的"不透明度"为45%。

10 新建"图层5",使用"椭圆选框工具"绘制椭圆形选区。

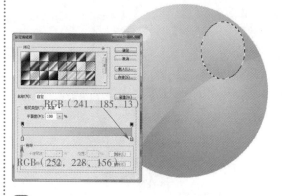

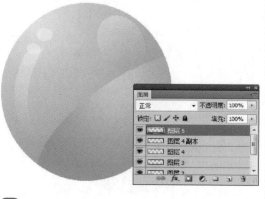

11 选择"渐变工具",打开"渐变编辑器"对话框,设置渐变颜色,在选区中填充线性渐变。

12 按快捷键Ctrl+T,对图像进行适当的旋转。

13 新建"图层6",使用"钢笔工具"在画布上绘制路径,然后按快捷键Ctrl+Enter将路径转换为选区。

14 为选区填充黑色,并按快捷键Ctrl+D取消选区。

15 复制"图层6"得到"图层6副本",调整图像的位置。新建"图层7",使用相同的方法绘制出相似的图像效果。

16 复制"图层7"得到"图层7副本",载入"图层7副本"选区,并为选区填充白色。

17 按快捷键Ctrl+T,调整图像到合适的大小和位置。

18 新建"图层8",使用"钢笔工具"绘制路径。

19 设置 "前景色" 为RGB（215，214，214），选择 "画笔工具"，设置笔触大小，然后单击 "路径" 面板上的 "用画笔描边路径" 按钮。

20 新建 "图层9"，使用相同的方法绘制出其他部分图形，得到最终效果。

21 参考该表情的绘制方法，还可以绘制出多种不同的表情效果。

操作小贴士：

　　使用 "渐变工具" 可以创建多种颜色间的逐渐混合，实质上是在图像中或图像的某一区域中填入一种具有多种颜色过渡的混合色。这个混合色可以是从前景色到背景色的过渡，也可以是前景色与透明背景间的相互过渡或是其他颜色的相互过渡。

　　选择 "渐变工具" 后有5种渐变类型可以选择，分别为 "线性渐变"、"径向渐变"、"角度渐变"、"对称渐变" 与 "菱形渐变"。使用这5个渐变类型可以完成5种不同效果的渐变填充效果，默认渐变类型为 "线性渐变"。

　　（线性渐变）　　（径向渐变）　　（角度渐变）　　（对称渐变）　　（菱形渐变）

自测2　绘制水晶质感图标

　　不管是平面设计还是网页设计，越来越注重细节的完美，一个好的字体效果或一个比较精致的图标，都会让你的设计作品增色不少，接下来我们将一起绘制一个水晶质感图标，通过该图标的绘制，来掌握水晶质感的表现方法。

请打开源图片

　　视频地址：光盘\视频\第1章\绘制水晶质感图标.swf

　　源文件地址：光盘\源文件\第1章\绘制水晶质感图标.psd

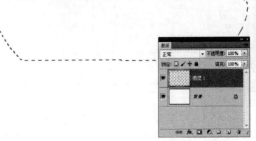

01 执行"文件>新建"命令，在弹出的"新建"对话框中进行相应的设置。

02 新建"图层1"，使用"钢笔工具"在画布上绘制路径，然后按快捷键Ctrl+Enter将路径转换为选区。

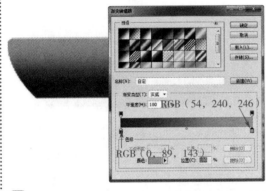

03 选择"渐变工具"，打开"渐变编辑器"对话框，设置渐变颜色，在选区中填充线性渐变。

04 选择"图层1"，为其添加"外发光"图层样式，并对相关参数进行设置。

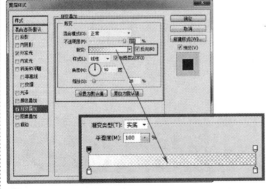

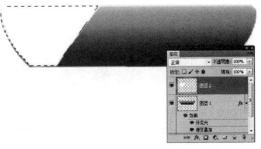

05 在"图层样式"对话框中选择"渐变叠加"复选框，并对相关参数进行设置。

06 新建"图层2"，使用"钢笔工具"在画布上绘制路径，然后将路径转换为选区，并为选区填充白色。

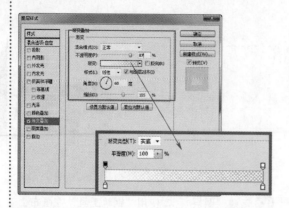

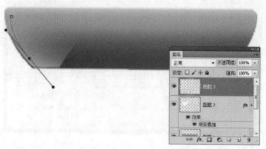

07 选择"图层2"，为其添加"渐变叠加"图层样式，并对相关参数进行设置。

08 新建"图层3"，使用"钢笔工具"绘制路径。

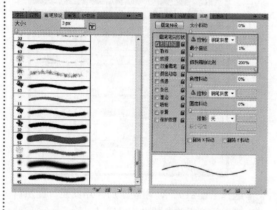

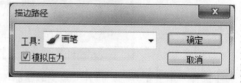

09 选择"画笔工具"，设置"前景色"为白色，并选择合适的笔触、设置笔触大小，然后在"画笔"面板中进行设置。

10 在"路径"面板中的路径上单击鼠标右键，选择"描边路径"命令，弹出"描边路径"对话框，设置参数后单击"确定"按钮。

11 新建"图层4"，使用"椭圆选框工具"绘制椭圆形选区，然后执行"选择>修改>羽化"命令羽化选区，并为选区填充白色。

12 按快捷键Ctrl+D取消选区，然后按快捷键Ctrl+T对图像进行适当的旋转。

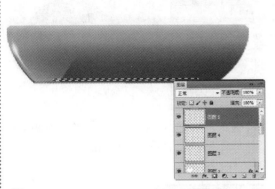 

13 新建"图层5"，使用"矩形选框工具"在画布中绘制矩形选区。

14 选择"渐变工具"，打开"渐变编辑器"对话框，设置渐变颜色，在选区中填充线性渐变。

 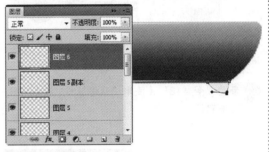

15 复制"图层5"得到"图层5副本"，使用"移动工具"调整复制得到的图像到合适的位置。

16 新建"图层6"，使用"钢笔工具"在画布上绘制路径。

17 将路径转换为选区，并为选区填充颜色为RGB（41，2，0），然后按快捷键Ctrl+D取消选区。

18 使用相同的方法，绘制出其他部分图像。

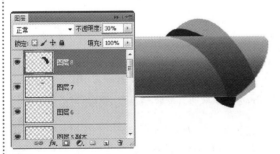 

19 设置"图层8"的"不透明度"为30%。

20 新建"图层9"，使用相同的方法，绘制出相似的图像效果。

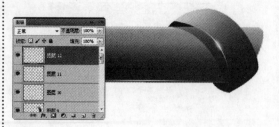

21 新建"图层12"，使用相同的方法绘制出其他部分图形。

22 选择"横排文字工具"，在"字符"面板中进行相应设置，然后在画布上输入文字。

23 新建"图层13"，使用"钢笔工具"在画布上绘制路径。

24 选择"横排文字工具"，在"字符"面板中进行设置，然后在路径上单击，输入路径文字。

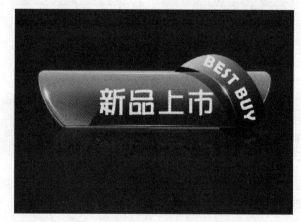

25 完成该图标的绘制，为该图标添加渐变背景和倒影效果，得到最终效果。

操作小贴士：

　　使用"钢笔工具"绘制直线的方法比较简单，在操作时需要单击鼠标，不要拖动鼠标，否则将绘制出曲线路径。如果在按住Shift键的同时使用"钢笔工具"绘制直线路径，可以绘制出水平、垂直或以45°角为增量的直线。

　　在使用"钢笔工具"绘制路径的过程中，如果按住Ctrl键，可以将正在使用的"钢笔工具"临时转换为"直接选择工具"；如果按住Alt键，可以将正在使用的"钢笔工具"临时转换为"转换点工具"。

第2个小时

在平面设计制作领域，Photoshop无疑占据了较重要的位置，在这个小时里，我们将带领大家认识Photoshop所涉及的几个重要领域，至于Photoshop CS 5.1是怎么进一步完善的就不多说了。

▲ 1.4 Photoshop的应用领域

Photoshop作为一个图像处理软件，其应用领域非常之广，如平面设计、网页设计、插画设计、数码照片处理、效果图后期调整等，它在每一个领域中都发挥着不可或缺的重要作用。下面就若干领域进行具体分析。

1. 平面设计

平面设计是Photoshop应用最为广泛的领域之一，无论是用户正在阅读的图书封面，还是在大街上看到的招贴画、海报，这些具有丰富图像的平面印刷品，基本上都需要用Photoshop软件对图像进行处理，如图1-7所示。

图1-7 平面设计

2. 网页设计

Photoshop在网页设计上也发挥着重要的作用，通过该软件可以设计制作网页页面，如图1-8所示。之后，将设计制作好的页面通过Dreamweaver网页软件进行处理，便可以创建互动的网站了。在Photoshop中制作设计的页面不仅可以被网页制作软件使用，还可以使用Photoshop输出为网页和动画。

图1-8 网页设计

3. 插画设计

现在，用计算机绘制插画已成为最具有时代特色的艺术表达方式之一，由于Photoshop具有良好的绘画与调色功能，许多插画设计制作者往往使用铅笔绘制草稿，然后用Photoshop填色来绘制插画，如图1-9所示。

图1-9　插画设计

4. 数码照片处理

　　Photoshop作为强大的图像处理软件，可以完成从照片的扫描与输入，到校色、图像修正，再到分色输出等一系列专业化的工作。无论是照片色彩与色调的调整，还是图像的创造性合成，在Photoshop中都可以找到最佳的解决方法，如图1-10所示。

图1-10　数码照片处理

5. 效果图后期调整

　　当制作的建筑效果图中包括许多三维场景时，人物与配景（包括场景）的颜色常常需要在Photoshop中添加并调整，这样不仅节省了渲染的时间，也增强了画面的美感，如图1-11所示。

图1-11　效果图后期调整

6. 艺术文字

　　在Photoshop中可以轻松地制作出各种形式的文字，利用Photoshop可以使文字发生各种各样的变化，利用这些经过艺术化处理的文字可以为图像增加效果，如图1-12所示。

图1-12　艺术文字

7. 界面设计

　　界面设计是一个新兴的领域，已经受到越来越多的软件企业及开发者的重视，在当前还没有用于做界面设计的专业软件，因此绝大多数设计者使用的都是Photoshop。使用Photoshop的渐变、图层样式和滤镜等功能，可以制作出各种真实的质感和特效，如图1-13所示。

图1-13　界面设计

▲*1.5* 初识Photoshop CS 5.1

　　要想真正理解和掌握一个软件，就必须对软件有所了解，下面我们来认识一下Photoshop的基本操作界面和工作环境。

　　Photoshop CS 5.1的工作界面有了很大的改进，图像处理的区域更加开阔、文档的切换更加快捷，方便了我们的操作，提高了处理图像的速度。启动Photoshop CS 5.1后，会出现如图1-14所示的工作界面，它包括了文档窗口、菜单栏、工具箱、选项栏及面板等。

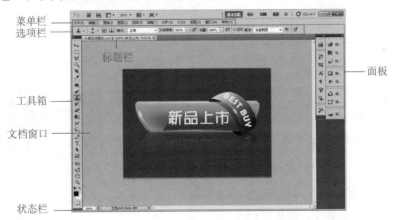

图1-14　Photoshop CS 5.1的工作界面

● 文档窗口：即图像显示的工作区域，用来编辑和修改图像。
● 菜单栏：单击菜单栏名称可打开菜单，菜单中包含了可执行的各种命令。
● 工具箱：执行"窗口>工具"命令可打开工具箱，其中包含了Photoshop中的工具。
● 选项栏：用来设置各种工具的属性值，它会随着所选工具的不同而变换内容。
● 标题栏：显示了所打开文档的名称、文件格式、颜色模式和窗口缩放比例等信息。如果同时打开了多个文档，标题栏中会亮显当前文档的名称。
● 面板：用于显示所编辑图像的相关属性和Photoshop的功能。
● 状态栏：用来显示文档大小、文档尺寸、当前所使用的工具和窗口缩放的比例等信息。

 绘制质感按钮.swf

绘制质感按钮.psd

 设计儿童摄影标志.swf

设计儿童摄影标志.psd

自我检测

了解了**Photoshop**在平面设计制作领域所起到的重要作用，并重新认识了全新版本的**Photoshop CS 5.1**之后，你是不是有了新的领悟，下面我们通过案例制作给大家带来更深层次的认识。接下来给出两个案例，绘制的是质感按钮和儿童摄影标志，怎么样？让我们一起来绘制吧！

自测3　绘制质感按钮

按钮是网站中必不可少的重要元素之一，很多浏览者都会用到，在设计时需要注意：图标的位置和大小要适中，要选用比较常见的字体，颜色的搭配要符合整体设计的视觉要求，简单、实用即可。这里绘制的按钮采用紫色作为主色调，美观大方，配合立体感很强的文字，最终的效果易识易用。

视频地址：光盘\视频\第1章\绘制质感按钮.swf

源文件地址：光盘\源文件\第1章\绘制质感按钮.psd

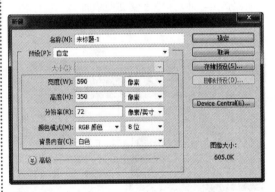

01 执行"文件>新建"命令，在弹出的"新建"对话框中进行相应的设置。

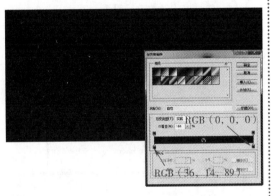

02 新建"图层1"，选择"渐变工具"，打开"渐变编辑器"对话框，设置渐变颜色，然后在画布中填充线性渐变。

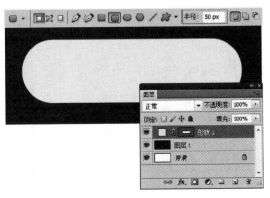

03 选择"圆角矩形工具"，设置"前景色"为白色，在画布中绘制圆角矩形。

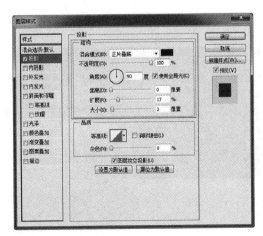

04 选择"形状1"图层，为其添加"投影"图层样式，并对相关参数进行设置。

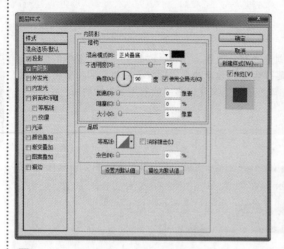

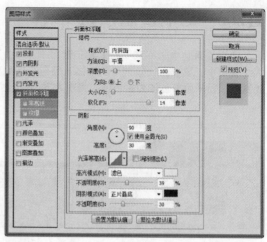

05 在"图层样式"对话框中选择"内阴影"复选框，并对相关参数进行设置。

06 在"图层样式"对话框中选择"斜面和浮雕"复选框，并对相关参数进行设置。

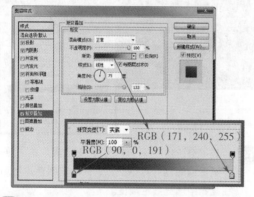

07 在"图层样式"对话框中选择"渐变叠加"复选框，并对相关参数进行设置。

08 完成"图层样式"对话框的设置，可以看到图像效果。

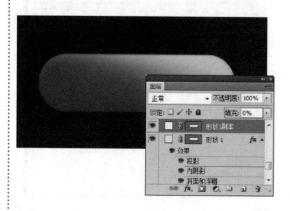

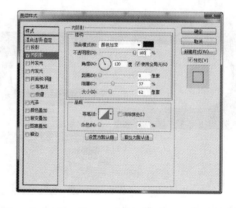

09 复制"形状1"得到"形状1副本"图层，删除图层样式，并设置"填充"为0%。

10 选择"形状1副本"图层，为其添加"内阴影"图层样式，并对相关参数进行设置。

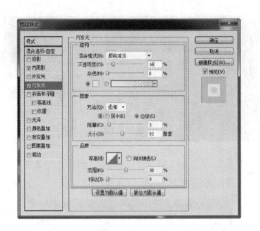

11 在"图层样式"对话框中选择"内发光"复选框，并对相关参数进行设置。

12 在"图层样式"对话框中选择"渐变叠加"复选框，并对相关参数进行设置。

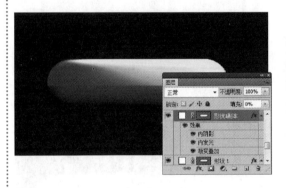

13 完成"图层样式"对话框的设置，可以看到图像效果。

14 复制"形状1副本"得到"形状1副本2"图层，删除图层样式。

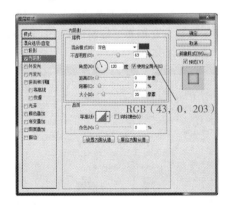

RGB（43，0，203）

15 选择"形状1副本2"图层，为其添加"内阴影"图层样式，并对相关参数进行设置。

16 在"图层样式"对话框中选择"内发光"复选框，并对相关参数进行设置。

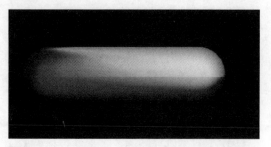

17 完成"图层样式"对话框的设置，可以看到图像效果。

18 复制"形状1副本2"得到"形状1副本3"图层，删除图层样式。

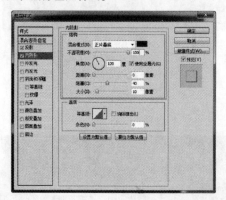

19 选择"形状1副本3"图层，为其添加"投影"图层样式，并对相关参数进行设置。

20 在"图层样式"对话框中选择"内阴影"复选框，并对相关参数进行设置。

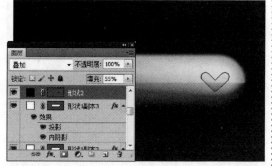

21 完成"图层样式"对话框的设置，可以看到图像效果。

22 选择"钢笔工具"，在选项栏上单击"形状图层"按钮，在画布上绘制箭头形状，并设置"填充"为55%。

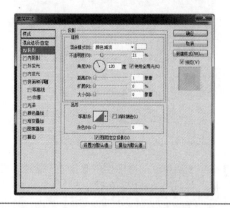

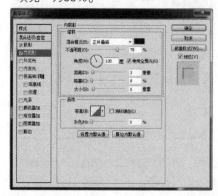

23 选择"形状2"图层，为其添加"投影"图层样式，并对相关参数进行设置。

24 在"图层样式"对话框中选择"内阴影"复选框，并对相关参数进行设置。

25 在"图层样式"对话框中选择"外发光"复选框，并对相关参数进行设置。

26 在"图层样式"对话框中选择"内发光"复选框，并对相关参数进行设置。

RGB（66，0，176）

27 选择"颜色叠加"复选框，并对相关参数进行设置。

28 完成"图层样式"对话框的设置，可以看到图像效果。

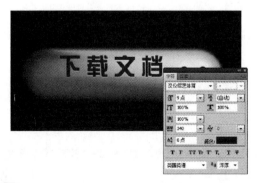

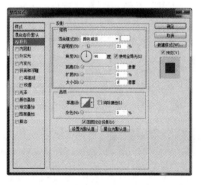

29 选择"横排文字工具"，在"字符"面板中进行设置，然后在画布上输入文字。

30 选择文字图层，为其添加"投影"图层样式，并对相关参数进行设置。

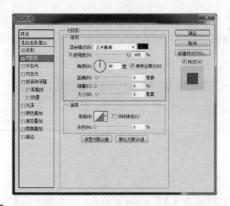

31 在"图层样式"对话框中选择"内阴影"复选框，并对相关参数进行设置。

32 完成"图层样式"对话框的设置，可以看到图像效果。

33 使用相同的方法，在画布上输入其他文字，并添加相应的图层样式。

34 完成质感按钮的绘制，得到最终效果。

操作小贴士：

想要为图层添加样式，方法并不是唯一的，下面将介绍几种打开"图层样式"对话框的方法。

第1种方法：执行"图层>图层样式"下拉菜单中的样式命令，可打开"图层样式"对话框，并进入到相应效果的设置面板。

第2种方法：在"图层"面板中单击"添加图层样式"按钮 ，在弹出的下拉菜单中任意选择一种样式，也可以打开"图层样式"对话框，并进入到相应效果的设置面板。

第3种方法：双击需要添加样式的图层，也可以打开"图层样式"对话框，在对话框左侧选择要添加的图层样式，即可切换到该样式的设置面板。

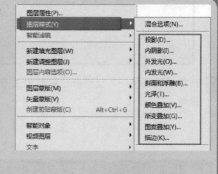

自测4 设计儿童摄影标志

标志设计应具有鲜明的色彩和合理的构图，该儿童摄影标志的设计以向日葵为主要标志形象，采用黄色为主色调，给人以快乐、温暖、可爱的感觉，同时也具有较强的视觉效果，给人留下了深刻的印象。

请打开源图片

视频地址：光盘\视频\第1章\设计儿童摄影标志.swf

源文件地址：光盘\源文件\第1章\设计儿童摄影标志.psd

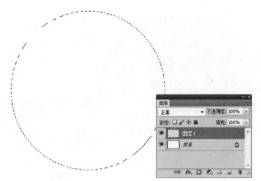

01 执行"文件>新建"命令，在弹出的"新建"对话框中进行相应的设置。

02 新建"图层1"，使用"椭圆选框工具"，按住Shift键，在画布中绘制正圆形选区。

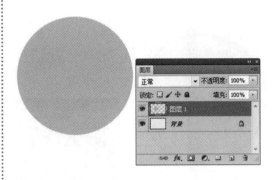

03 设置"前景色"为RGB（246，196，145），按快捷键Alt+Delete，为选区填充前景色，然后按快捷键Ctrl+D取消选区。

04 复制"图层1"得到"图层1副本"，载入"图层1副本"选区，并填充颜色为RGB（244，230，142）。

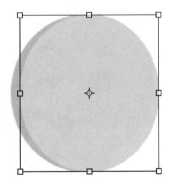

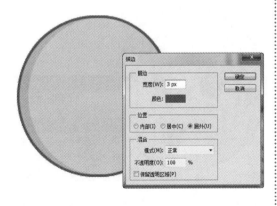

05 按快捷键Ctrl+T调出变换框，调整图像的大小和位置。

06 将"图层1"与"图层1副本"合并，执行"编辑>描边"命令，在弹出的"描边"对话框中进行相应的设置。

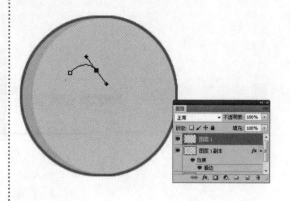

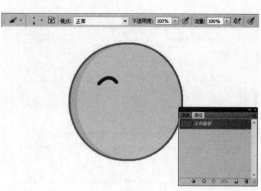

07 新建图层，设置"前景色"为黑色，使用"钢笔工具"在画布中绘制路径。

08 选择"画笔工具"，设置笔触大小，然后单击"路径"面板上的"用画笔描边路径"按钮 。

09 使用相同的方法，在画布中绘制出相似的图形。

10 选择"钢笔工具"，在选项栏上单击"形状图层"按钮，然后在画布上绘制一个三角形。

11 使用相同的方法，绘制出其他相似的图形。

12 新建图层，使用"钢笔工具"在画布中绘制路径，然后按快捷键Ctrl+Enter，将路径转换为选区。

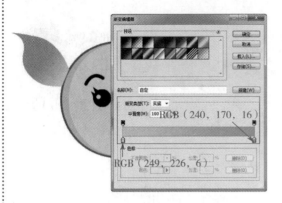

13 选择"渐变工具"，打开"渐变编辑器"对话框，设置渐变颜色，在选区中填充线性渐变。

14 执行"编辑>描边"命令，在弹出的"描边"对话框中进行相应的设置。

15 新建图层，使用"钢笔工具"在画布上绘制图形，并调整到合适的位置，然后将"图层4"与"图层5"合并。

16 多次复制图层，分别将复制得到的图像调整到合适的大小和位置，并旋转相应的角度，然后合并复制的图层，并调整图层的叠放顺序。

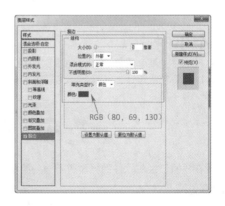

17 选择"横排文字工具"，在"字符"面板中进行设置，然后在画布中输入文字。

18 为文字图层添加"描边"图层样式，并对相关参数进行设置。

19 使用"横排文字工具",分别选中相应的文字,修改颜色。

20 使用相同的方法,在画布中输入其他文字。

21 完成儿童摄影标志的绘制,得到最终效果。

操作小贴士:

矢量工具有3种绘图模式,分别是"形状图层"、"路径"及"填充像素"。当在选项栏上单击"形状图层"按钮时,绘制出来的是填充"前景色"的矢量形状图形;单击"路径"按钮时,绘制出来的是无填充的路径;单击"填充像素"按钮时,绘制出来的则是填充"前景色"的位图图像。

（矢量形状）　　　　（路径）　　　　（位图图像）

第3个小时

这一小时主要学习Photoshop CS 5.1中的一些基本操作方法,包括文档的创建与存储、选区的创建与编辑,以及颜色的设计方法等,学习了这些知识点,大家就可以在Photoshop中进行简单的绘制操作了。

▲1.6 文档的基本操作

现在我们已经对软件的界面有了一些简单的了解,下面学习基本的操作。

1. 新建文件

在Photoshop中除非自行打开一个文件,否则必须先新建文件才能进行操作。

启动Photoshop CS 5.1后,执行"文件>新建"命令,在弹出的"新建"对话框中可以对文档的名称、大小、分辨率及颜色模式等相关参数进行设置,如图1-15所示。

2. 打开文件

在Photoshop中有两种打开文件的方法，下面来进行讲解。

（1）一般的打开方法

执行"文件>打开"命令，弹出"打开"对话框（或按快捷键Ctrl+O，弹出"打开"对话框），在"打开"对话框中可以设置查找范围、文件名和文件类型，如图1-16所示。

图1-15 "新建"对话框

图1-16 "打开"对话框

（2）打开最近打开过的图像

执行"文件>最近打开文件"命令，在其子菜单中会显示出之前编辑过的图像文件，单击可快速打开最近使用过的文件。

3. 存储文件

Photoshop支持多种文件格式，如TIF、GIF、JPEG、PSD、PNG、BMP等，文件格式决定了图像数据的存储方式以及文件是否和一些应用程序相兼容。

执行"文件>存储为"命令，弹出"存储为"对话框，在该对话框中可以设置文件存储的位置、名称、格式等相关属性，如图1-17所示。

● PSD格式

PSD格式所包含的图像数据信息较多，因此比其他格式的图像文件占用的空间要大得多。

● JPEG格式

此格式经过压缩，文件比较小，是目前所有格式中压缩率最高的格式。但是JPEG格式在压缩保存的过程中会丢掉一些数据，因此保存后在无限放大时会出现失真现象。

图1-17 "存储为"对话框

● TIF格式

TIF格式支持RGB、CMYK、Lab、索引、位图和灰度模式，此格式可以在许多图像软件和平台之间进行转换，是一种灵活的位图图像格式。

▲1.7 选区的创建与编辑方法

选区是Photoshop中最基本的功能，使用选区功能可以对图像进行局部性操作，而不会影响其他部分图像，下面我们来学习创建与编辑选区。

选区有多种创建形式，一种是创建规则形状的选区，另一种是创建不规则形状的选区，还可以通过色彩范围、快速蒙版等方法创建选区。

（1）创建规则形状的选区

所谓的规则形状就是矩形和椭圆两种形状，以及在这两种形状上延伸变换出来的正方形、正圆形。

打开一张素材图像，使用"椭圆选框工具"在图像中绘制椭圆形选区，如图1-18所示。按快捷键Ctrl+J，复制选区中的内容，"图层"面板如图1-19所示。

图1-18　绘制椭圆形选区　　　　　　图1-19　"图层"面板

（2）创建不规则形状的选区

可以通过5种工具创建不规则形状选区，即"套索工具"、"多边形套索工具"、"磁性套索工具"、"快速选择工具"和"魔棒工具"。

打开一张素材图像，如图1-20所示。使用"多边形套索工具"在画布中绘制选区，如图1-21所示。

图 1-20　素材图像　　　　　　图1-21　绘制选区

（3）其他创建选区的方法

选区除了可以使用前面的几种方法创建外，还可以通过色彩范围、快速蒙版等方法创建。

打开一张素材图像，如图1-22所示。执行"选择>色彩范围"命令，弹出"色彩范围"对话框，使用"吸管工具"在水果的颜色上单击，可以得到选区，如图1-23所示。

图1-22　素材图像　　　　　　图1-23　"色彩范围"对话框和图像效果

上面讲述了用多种方法来创建选区，下面我们讲解创建选区后如何在选区内进行移动、变换和描边等操作。

（4）移动选区

打开一张素材图像，使用"矩形选框工具"在图像中创建选区，如图1-24所示。在选项栏中单击"新选区"按钮▣，将光标放到选区内，单击并拖动鼠标即可移动选区，如图1-25所示。

　　　　图1-24　创建选区　　　　　　　　　图1-25　移动选区

（5）通过命令对选区进行编辑

通过执行"选择>修改"子菜单中的命令可对选区进行扩展、收缩、平滑、羽化等操作，这些命令只作用于选区。

打开一张素材图像，选择"椭圆选框工具"，按住Shift键在画布中创建正圆形选区，如图1-26所示。执行"选择>修改>边界"命令，在弹出的"边界选区"对话框中对相关参数进行设置，可以得到新的选区，效果如图1-27所示。

　　　　图1-26　绘制选区　　　　　　　　　图1-27　得到新的选区

（6）变换选区

在图像中创建选区后，有时需要对选区或选区中的内容进行缩放、旋转等操作。

打开一张素材图像，使用"矩形选框工具"在画布中绘制矩形选区，如图1-28所示。执行"选择>变换选区"命令，对选区进行缩小操作，效果如图1-29所示。

　　　　图1-28　创建选区　　　　　　　　　图1-29　缩小选区

（7）为选区描边

在对图像进行移动、变换操作时，还可以对选区进行描边操作，从而制作出一些特殊的效果。

打开一张素材图像，在图像中创建选区，如图1-30所示。执行"编辑>描边"命令，弹出"描边"对话框，对相关参数进行设置，最终的图像效果如图1-31所示。

图1-30　创建选区 　　　　　　　　　　　图1-31　为选区添加描边效果

▲ *1.8* 颜色的设计方法

为绘制的图形填充颜色是最基本的操作，接下来就让我们一起来学习怎样在Photoshop中设置颜色。

1. 通过"拾色器"对话框设置颜色

拾色器是定义颜色的对话框，可以在拾色区中单击需要的颜色进行设置，也可以在"拾色器"对话框中输入颜色值更精确地设置颜色。

在工具箱中单击"设置前景色"图标，弹出"拾色器"对话框，在对话框中设置颜色值，如图1-32所示。

2. 通过"颜色"面板设置颜色

使用"颜色"面板设置颜色，和在"拾色器"对话框中设置颜色一样，并且还可以使用不同的颜色模式来设置颜色。

图1-32　"拾色器"对话框

执行"窗口>颜色"命令或按快捷键F6，打开"颜色"面板，如图1-33所示。在默认情况下，"颜色"面板使用的是RGB颜色模式，用户可以直接输入数值或使用鼠标拖动滑块来设置颜色。

3. 通过"色板"面板设置颜色

在"色板"面板中可新建色板、重命名色板和删除色板，也可存储用户经常使用的颜色，为我们管理颜色提供了更加方便、快捷的渠道。

执行"窗口>色板"命令，即可打开"色板"面板，如图1-34所示。移动鼠标指针至面板的色板方格中，当指针变成吸管形状时，单击即可选择当前颜色作为前景色。

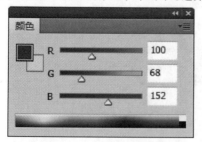

图1-33　"颜色"面板 　　　　　　　　　　图1-34　"色板"面板

INTERNETTEACHER
名师互联

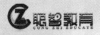
🎬 设计教育机构Logo.swf
🖼 设计教育机构Logo.psd

张天恒 . 总经理
聪智教育咨询有限公司
地址:广州市中山区翠玉江南666号
电话:020-8888888
传真:020-9999999
E-mail:XXXX@163.com

🎬 设计企业名片.swf
🖼 设计企业名片.psd

　　了解了Photoshop的相关知识,你是不是对这个强大的图像处理软件越来越有兴趣呢?在接下来的学习中还会有更多的惊奇和挑战,准备好了吗?让我们迎接挑战吧!下面的两个案例是本章中最后的两个案例,仔细观察一下,是不是感觉简单了?

自测5 设计教育机构Logo

本实例设计制作一个教育机构Logo，该Logo采用图形与文字相结合的方式，给人一种非常直观的感受；运用盾牌形状的图像，体现出教育机构的品质；运用蓝色和灰色作为主色调，表现出理想、高远的理念。

视频地址：光盘\视频\第1章\设计教育机构Logo.swf

源文件地址：光盘\源文件\第1章\设计教育机构Logo.psd

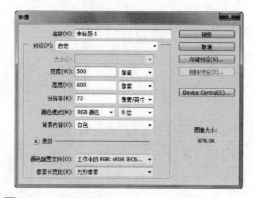

01 执行"文件>新建"命令，在弹出的"新建"对话框中进行相应的设置。

02 将画布的颜色填充为RGB（122，122，133），然后新建"图层1"，使用"钢笔工具"在画布中绘制路径。

03 按快捷键Ctrl+Enter，将路径转换为选区，并为选区填充白色。

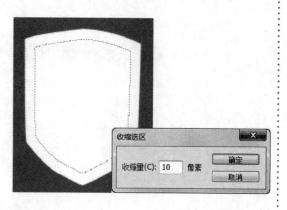

04 执行"选择>修改>收缩"命令，在弹出的"收缩选区"对话框中对相关参数进行设置。

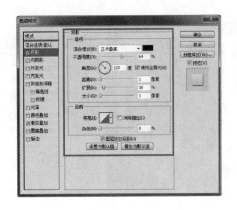

05 收缩选区，将选区中的图像删除，然后按快捷键Ctrl+D取消选区。

06 为"图层1"添加"投影"图层样式，并对相关参数进行设置。

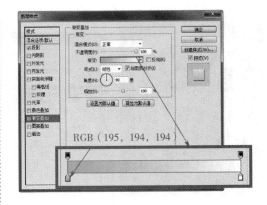

RGB（195，194，194）

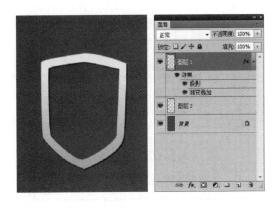

07 在"图层样式"对话框中选择"渐变叠加"复选框，并对相关参数进行设置。

08 完成"图层样式"对话框的设置后，在"图层1"下方新建"图层2"。

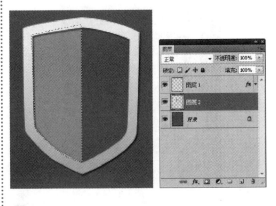

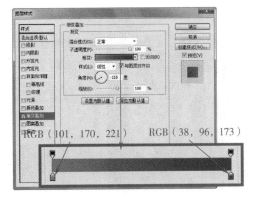

RGB（101，170，221）　　　RGB（38，96，173）

09 使用"钢笔工具"在画布中绘制路径，然后将路径转换为选区，并填充任意颜色。

10 为"图层2"添加"渐变叠加"图层样式，并对相关参数进行设置。

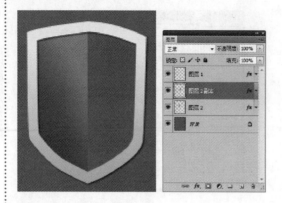

11 完成"图层样式"对话框的设置后，复制"图层2"得到"图层2副本"。

12 执行"编辑>变换>水平翻转"命令，并调整到合适的位置。

RGB（134，179，224） RGB（27，99，174）

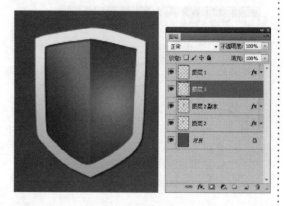

13 修改"图层2副本"图层的"渐变叠加"图层样式，并对相关参数进行设置。

14 完成"图层样式"对话框的设置后，新建"图层3"。

15 使用"钢笔工具"在画布中绘制路径，然后将路径转换为选区，并填充白色。

16 使用相同的方法，绘制出其他图形。

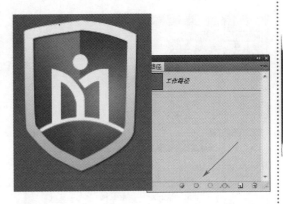

17 新建"图层4",使用"钢笔工具"在画布中绘制路径,然后选择"画笔工具",在选项栏上进行设置。

18 打开"路径"面板,设置"前景色"为白色,然后单击"用画笔描边路径"按钮,取消路径的选择。

19 使用"钢笔工具"在画布中绘制路径,然后选择"画笔工具",单击"用画笔描边路径"按钮,取消路径的选择。

20 使用相同的方法,绘制出其他图形,然后选择"图层1"。

21 选择"横排文字工具",打开"字符"面板,进行相应的设置,然后在画布中输入文字。

22 将所有文字图层栅格化,可以看到图像的效果。

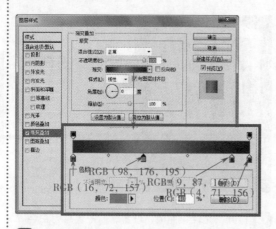

23 为文字图层添加"渐变叠加"图层样式，并对相关参数进行设置。

24 完成"图层样式"对话框的设置，可以看到文字的效果。

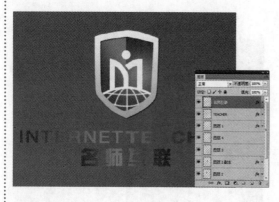

25 使用相同的方法，为其他文字图层添加相同的图层样式。

26 在"背景"图层上方新建"图层5"，并为该图层填充白色。

27 完成教育机构Logo的设计制作，得到最终效果。

操作小贴士：

　　选区的修改方式包括移动选区、边界选区、扩展选区、平滑选区、收缩选区、羽化选区，以及反向、扩大选取及选取相似等几种，这些命令只对选区起作用。

　　如果要进行收缩处理的选区的边紧靠在画布一侧，那么在进行收缩选区操作的时候，紧靠在画布一侧的边在收缩时位置不会发生变化。

自测6 设计企业名片

现今，名片已成为人们进行社交活动的重要工具，名片是一种方寸艺术，一张简单而又个性的名片会让人爱不释手、过目不忘。名片不同于一般的平面设计，它不需要那么复杂，简单、大方即可，下面我们一起来完成一个企业名片的设计制作。

请打开源图片

    ▣ 视频地址：光盘\视频\第1章\设计企业名片.swf

    ▣ 源文件地址：光盘\源文件\第1章\设计企业名片.psd

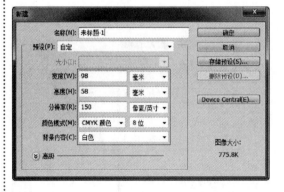

01 执行"文件>新建"命令，在弹出的"新建"对话框中进行相应的设置。

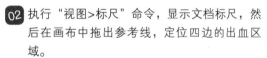

02 执行"视图>标尺"命令，显示文档标尺，然后在画布中拖出参考线，定位四边的出血区域。

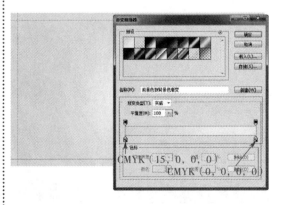

03 新建"图层1"，选择"渐变工具"，打开"渐变编辑器"对话框，设置渐变颜色，然后在画布中填充径向渐变。

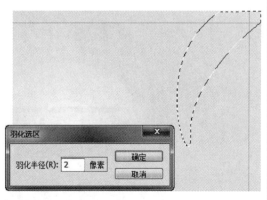

04 新建"图层2"，使用"钢笔工具"在画布中绘制路径，然后按快捷键Ctrl+Enter将路径转换为选区，并对选区进行羽化操作。

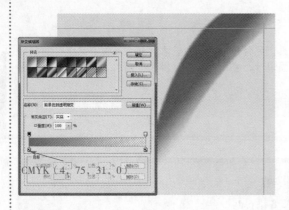

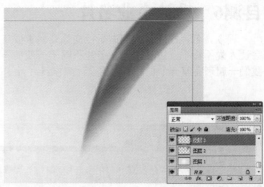

05 使用"渐变工具"设置渐变颜色,在选区中填充线性渐变。

06 新建"图层3",使用相同的方法,完成相似图形的绘制。

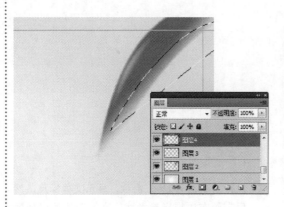

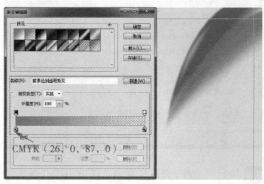

07 载入"图层2"选区,并将其调整到合适的位置,然后新建"图层4"。

08 使用"渐变工具"设置渐变颜色,在选区中填充线性渐变。

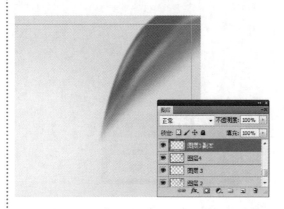

09 复制"图层3"得到"图层3副本"图层,并调整到合适的大小和位置。

10 使用相同的方法,绘制出相似的图形效果。

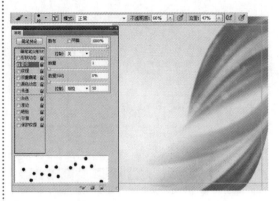

11 新建"图层13"，选择"画笔工具"，设置
"前景色"为白色，然后 打开"画笔"面板
进行相应的设置。

12 复制"图层13"得到"图层13副本"图层，
将其调整到合适的位置。

13 打开并拖入素材"光盘\源文件\第1章\素材\标
志.tif"，并调整到合适的位置。

14 选择"横排文字工具"，在"字符"面板中进
行相应设置，然后在画布中输入文字。

15 设置"前景色"为CMYK（31，100，0，
0），使用"矩形工具"在画布上绘制一个正
方形。

16 选择"横排文字工具"，在"字符"面板中进
行设置，然后在画布中输入文字。

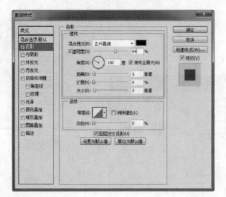

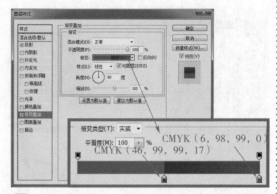

17 选择文字图层，为其添加"投影"图层样式，并对相关参数进行设置。

18 在"图层样式"对话框中选择"颜色叠加"复选框，并对相关参数进行设置。

19 完成"图层样式"对话框的设置，可以看到文字效果。

20 选择"横排文字工具"，在"字符"面板中进行设置，然后在画布中输入文字。

21 完成该企业名片的设计制作，得到最终效果。

操作小贴士：

　　在使用"画笔工具"时，按下[键可减小画笔的直径，按下]键可以增加画笔的直径；对于实边圆、柔边圆和书法画笔，按下Shift+[键可减小画笔的硬度，按下Shift+]键可增加画笔的硬度。
　　按下键盘中的数字键可以调整工具的不透明度。例如，按下1时，不透明度为10%；按下5时，不透明度为50%；按下75时，不透明度为75%；按下0时，不透明度为100%。
　　在使用"画笔工具"时，在画布中单击，然后按住Shift键单击画面中的任意一点，则两点之间会以直线连接。按住Shift键还可以绘制水平、垂直或以45°角为增量的直线。

自我评价

通过以上几个例子的练习，你是不是感觉Photoshop并没有那么陌生了，相信以后不管是在生活中还是在工作中，你都可以自己动手设计制作自己想要的创意了。

总结扩展

上面的几个案例主要介绍了有关图标、按钮及名片的设计方法，在设计制作过程中主要使用了选区工具、钢笔工具、渐变工具和图层样式等，具体要求如下表：

	了解	理解	精通
选区工具		√	
钢笔工具			√
渐变工具			√
选区的基本操作		√	
图层样式			√
画笔工具			√

Photoshop是一个强大的图像处理软件，能以简单、快捷的操作方法制作出完美的图像。完成本章的学习后，大家需要对Photoshop的操作有个基本的了解，并了解数字图像的相关知识。在今后，大家要通过大量的实例练习，逐步熟悉Photoshop的操作。在接下来的一章中，我们将学习有关数码照片处理的方法，你准备好了吗？让我们一起出发吧！

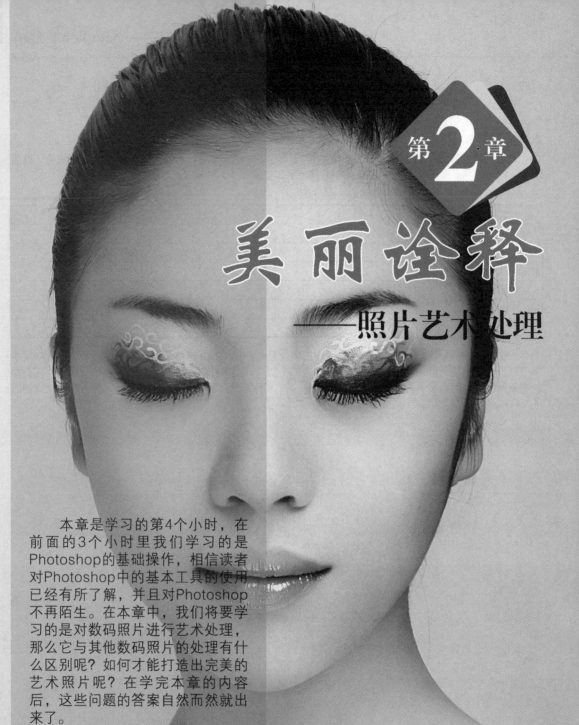

第2章

美丽诠释

——照片艺术处理

本章是学习的第4个小时，在前面的3个小时里我们学习的是Photoshop的基础操作，相信读者对Photoshop中的基本工具的使用已经有所了解，并且对Photoshop不再陌生。在本章中，我们将要学习的是对数码照片进行艺术处理，那么它与其他数码照片的处理有什么区别呢？如何才能打造出完美的艺术照片呢？在学完本章的内容后，这些问题的答案自然而然就出来了。

心动不如行动，跟我们一起打造属于你的艺术照片吧！

学习目的	掌握不同种类照片的艺术处理方法
知识点	调整图层、图层蒙版、图层混合模式、图层样式
学习时间	3小时

 ## 如何才能把我的照片打造得与众不同

　　随着社会的不断发展，人们在物质生活提高的同时也越来越注重自己的形象，现在数码照片已经随处可见，特别是影楼里拍摄的艺术照，它们拥有各种各样的艺术风格，几乎满足了所有人的味口。大家会经常在一些杂志、海报或者网上看到非常漂亮的照片，例如下面的几张照片，这些照片是如何做出来的呢？会很难吗？今天我们就一起来学习照片的艺术处理。要想打造出好的照片风格，不了解一些关于数码照片的基础是不行的，接下来我们先用一点时间来学习与数码照片相关的基础知识。

创意独特的照片作品

什么是像素

　　像素在屏幕上显示的通常是单个的点，是最小的图像单元，它是由数码相机里的光敏

更改图片的大小

　　虽然修改照片的大小会影响照片的质量，但用相机拍摄的数码照片常常会被用在不同

修改照片尺寸的方法

　　修改照片尺寸的方法很多。在Photoshop中，可以使用裁剪工具直接裁剪照片的尺

元件的数目决定的。一个光敏元件对应一个像素，因此像素值越大，所拍摄数码照片的分辨率就越大，图像的清晰度就越高。

的地方，有的用在因特网上，有的拿来印刷，并不是所有照片的大小都一样，所以对应不同的用途，照片的尺寸也要做与之相应的修改。

寸，也可以通过执行"图像>图像大小"命令调整照片的尺寸，还可以通过执行"图像>画布大小"命令调整画布的大小。

第4个小时

在利用Photoshop对数码照片进行处理之前，首先要了解一些数码照片的相关知识，例如数码照片常用的格式，以及怎样将数码照片从相机导入到计算机中，怎样判断数码照片的好坏等，接下来我们就来解答这些问题吧！

▲ *2.1* 认识数码相机常用的图像格式

照片的格式决定了照片的存储方式、压缩方式和在Photoshop中的修改处理方法，数码照片常用的格式有很多种，包括JPEG、PNG、BMP、GIF等，下面来介绍一些常用格式的属性。

1. JPEG格式

由联合图像专家组制定的带有压缩的文件格式，可以设置压缩品质的数值，压缩数值越大，压缩后的文件越小，但如果无限放大照片会出现失真的现象。

2. PNG格式

照片压缩时采用无损压缩方式，不会损坏照片的质量，同时具备GIF格式和JPEG格式的特点，包括支持透明度和色彩范围广，并且可包含所有的Alpha通道。

3. BMP格式

BMP格式比较强大，可以处理24位颜色的图像，支持RGB模式、位图模式、灰度模式和索引模式，主要用来存储位图文件。

4. GIF格式

使用LZW压缩方式，可获得理想的压缩效果，GIF格式和PNG格式一样，采用的是无损压缩，但它可以重复保存而不会损失照片的细节。

5. RAW格式

RAW格式支持具有Alpha通道的CMYK、RGB和灰度模式，以及无Alpha通道的多通道模式、Lab模式、索引模式和双色调模式。

▲ *2.2* 将照片导入计算机的两种方式

将数码照片导入到计算机中就像是将一个盒子的东西搬到另一个盒子中，有很多种方法，比如将相机中的照片直接通过USB接口，选择"导入照片和视频"选项导入到计算机中，接下来对将照片导入计算机的方法进行逐一介绍。

数码相机随着时代的发展，在不同人群的手中都能够随时看到它的存在。在捕捉风景的同时，大家对怎么把照片导入到计算机中的方法要稍做了解，在和计算机连接导入照片时，要根据不同数码相机品牌的使用说明书进行操作。

使用数据连接线将数码相机的USB接口和计算机端的USB接口相连接，启动数码相机，会弹出"自动播放"对话框，如图2-1所示。选择"导入图片和视频"选项，弹出"导入图片和视频"对话框，如图2-2所示。

图2-1 "自动播放"对话框　　　图2-2 "导入图片和视频"对话框

稍等片刻后，系统提示命名要存储的文件夹，如图2-3所示。单击"导入"按钮，弹出"导入设置"对话框，可以根据个人意愿更改保存位置，如图2-4所示。

图2-3 设置文件名　　　　　图2-4 "导入设置"对话框

单击"确定"按钮，开始导入照片，如图2-5所示。导入完成后，会显示所导入照片的效果，如图2-6所示。

图2-5 开始导入　　　　　　图2-6 照片效果

外部设备有很多，包括硬盘、U盘等，接下来以U盘为例来讲解如何将U盘中的数码照片导入到计算机中。

将U盘插到计算机端的USB接口上，在桌面上双击"计算机"图标，此时会显示计算机中的硬盘和移动存储设备，如图2-7所示。双击"有可移动存储的设备"下的移动存储盘，也就是刚刚插入的U盘，打开U盘，找到需要的照片文件夹，如图2-8所示。

打开该文件夹，按快捷键Ctrl+A选中所有照片，并进行复制，如图2-9所示。打开要复制照片的文件夹，按快捷键Ctrl+V将照片粘贴到该文件夹中，完成照片的导入，如图2-10所示。

图2-7　显示U盘

图2-8　选择文件夹

图2-9　复制照片

图2-10　完成照片的导入

▲*2.3*　如何判断数码照片的好坏

　　数码照片的好坏，与一个重要的因素有关，那就是照片的像素。像素在一定程度上反映了照片的质量和清晰度，它的高低决定了位图图像的效果，太低了会导致图像模糊、不清楚，太高了则会增加文件的大小，如图2-11和图2-12所示。

图2-11　高像素照片

图2-12　低像素照片

 打造唯美紫色调.swf

 打造唯美紫色调.psd

 打造梦幻蓝色调.swf

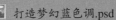 打造梦幻蓝色调.psd

自我检测

　　了解了关于数码照片的一些基础知识后，相信大家应该对数码照片有了基本的认识，下面我们通过两个案例的制作来巩固一下所学的知识，看看自己是不是掌握好了，让我们一起来对这些数码照片进行艺术处理吧！　下面的两个案例主要是为数码照片打造唯美色调的，你可以先试一试，看看自己会不会这样处理数码照片。

自测7　打造唯美紫色调

　　本实例是将普通照片处理成唯美的紫色调，主要是通过"替换颜色"命令来实现的，同时可能会由于颜色的偏差而影响到人物，所以需要通过添加蒙版来保持人物的颜色，此方法快捷，且效果显著，进行多次尝试，可以调出多种色调效果。

请打开源图片

　　视频地址：光盘\视频\第2章\打造唯美紫色调.swf

　　源文件地址：光盘\源文件\第2章\打造唯美紫色调.psd

01 打开照片"光盘\源文件\第2章\素材\201.jpg"，复制"背景"图层。

02 设置"背景 副本"图层的"混合模式"为"柔光"，添加图层蒙版。

03 选择"画笔工具"，设置"前景色"为黑色，在选项栏中设置"不透明度"为30%，然后在蒙版中进行涂抹。

04 按快捷键Ctrl+Alt+Shift+E盖印图层，得到"图层1"，然后执行"图像>调整>替换颜色"命令，并进行相应的设置。

05 为 "图层1" 添加蒙版，设置 "前景色" 为黑色，使用 "画笔工具" 在蒙版中将人物部分涂抹出来。

06 按快捷键Ctrl+Alt+Shift+E盖印图层，使用 "套索工具" 创建选区，然后羽化选区，设置 "羽化半径" 为150像素。

07 执行 "图像>调整>黑白" 命令，在弹出的 "黑白" 对话框中选择 "色调" 复选框，调整选区的色调。

08 执行 "图像>调整>色彩平衡" 命令，在弹出的 "色彩平衡" 对话框中进行相应的设置。

09 为 "图层2" 添加图层蒙版，设置 "前景色" 为黑色，使用 "画笔工具" 在蒙版中对人物部分进行涂抹。

10 按快捷键Ctrl+Alt+Shift+E盖印图层，执行 "图像>调整>亮度/对比度" 命令，对相关参数进行设置。

11 执行"滤镜>锐化>USM锐化"命令，对照片
进行锐化。

12 完成照片唯美紫色调效果的制作，可以看到最
终效果。

操作小贴士：

　　使用"替换颜色"命令可以选择图像中的特定颜色，然后将其替
换。该命令的对话框中包含了颜色选择选项和颜色调整选项，其中，
颜色的选择方式与"色彩范围"命令的基本相同，颜色的调整方式与
"色相/饱和度"命令的十分相似。

　　● 本地化颜色簇：如果正在图像中选择多个颜色范围，可选择该
复选框，创建更加精确的蒙版。

　　● 吸管工具：用"吸管工具" 🖉 在图像上单击，可以选择有蒙
版显示的区域；用"添加到取样" 🖉 在图像中单击，可添加颜色；用
"从取样中减去" 🖉 在图像中单击，可减少颜色。

　　● 颜色容差：可调整蒙版的容差，控制颜色的选择精度。该值越
大，包括的颜色范围越广。

　　● 选区/图像：选择"选区"选项，可在预览区域中显示蒙版，其
中，黑色代表了未被选择的区域，白色代表了所选区域，灰色代表了被
部分选择的区域。如果选择"图像"选项，则预览区中会显示图像。

　　● 替换：用来设置替换颜色的色相、饱和度和明度。

自测8　打造梦幻蓝色调

　　千篇一律的色调看起来难免会让人乏味，通过Photoshop中的调色功能，可以将照片处理成不同的色
调，从而表现出不一样的效果。本实例将普通的人物照片处理成具有梦幻效果的蓝色调，在本实例中，
主要通过Photoshop中的图像调整命令来完成照片的处理。

请打开源图片

　　　🎞️ 视频地址：光盘\视频\第2章\打造梦幻蓝色调.swf

　　　🎬 源文件地址：光盘\源文件\第2章\打造梦幻蓝色调.psd

01 打开照片"光盘\源文件\第2章\素材\202.jpg"。

02 复制"背景"图层,得到"背景 副本"图层,执行"滤镜>模糊>高斯模糊"命令,对相关参数进行设置。

03 设置"背景 副本"图层的"混合模式"为"柔光"、"不透明度"为55%。

04 按快捷键Ctrl+Alt+Shift+E盖印图层,得到"图层1"。

05 打开"通道"面板,选择"绿"通道,按快捷键Ctrl+A,全选该通道中的图像,复制"绿"通道。

06 选择"蓝"通道,将复制的图像粘贴到"蓝"通道,然后返回到RGB通道,取消选区。

07 为"图层1"添加图层蒙版,设置"前景色"为黑色,使用"画笔工具"在蒙版中进行涂抹。

08 添加"可选颜色"调整图层,在"调整"面板中对相关参数进行设置。

09 添加"照片滤镜"调整图层,在"调整"面板中对相关参数进行设置。

10 添加"色相/饱和度"调整图层,在"调整"面板中对相关参数进行设置。

11 添加"色阶"调整图层,在"调整"面板中对相关参数进行设置。

12 完成照片梦幻蓝色调的处理,得到最终效果。

操作小贴士:

可选颜色校正是高端扫描仪和分色程序使用的一种技术,用于在图像中的每个主要原色成分中更改印刷色的数量,使用"可选颜色"命令可以有选择性地修改主要颜色中的印刷色的数量,但不会影响其他主要颜色。如可以减少图像绿色图素中的青色,同时保留蓝色图素中的青色不变。

第5个小时

在前面一个小时的学习时间里我们学习了怎么将数码照片导入到计算机中,现在我们进一步学习怎么对计算机中的数码照片进行整理和编辑,以及怎么打印数码照片等知识,好了,可以开始了,让我们出发吧!

▲ *2.4* 对计算机中的照片进行浏览和整理

浏览数码照片的方法有很多种,但是要对其进行管理就不是那么容易了,因为同时满足上述两种功能的软件不多,下面介绍两种专门对照片进行浏览和整理的软件。

1. 使用Adobe Bridge

Adobe Bridge是Adobe Creative Suite附带的组件,是一个可以单独运行的应用程序,可以组织、浏览和查找所需要的文件。

在Photoshop左上角单击"启动Bridge"按钮,或执行"文件>在Bridge中浏览"命令,如图2-13所示。打开软件后,即可对相应位置文件夹中的照片进行浏览或管理,如图2-14所示。

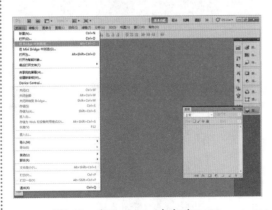

图2-13 在Photoshop中启动Bridge

图2-14 Bridge界面

在Bridge中还可以对照片使用评级进行整理,下面将对其操作方法进行介绍。

选中需要设置评级的照片,如图2-15所示,执行"标签>***"命令,可将其评级设置为三星,如图2-16所示。

图2-15　选择照片

图2-16　设置评级

评级设置完成后，在软件窗口左侧的"评级"选项卡下选择不同评级，即可对照片进行分类浏览，如图2-17和图2-18所示。

2. 使用ACDSee

ACDSee是目前非常流行的看图工具之一，它提供了比较好的操作界面、简单明了的操作方式、优秀的快速图形解码方式，并且支持非常丰富的图形格式，具有强大的图形文件管理功能等。

在ACDSee的"显示区域"中按住Ctrl键单击选择相应的照片文件，如图2-19所示，然后执行"编辑>设置类别>人物"命令，被选中的人物照片即被标记，如图2-20所示。

图2-17　浏览二星级的照片

图2-18　浏览五星级的照片

图2-19　选择照片

图2-20　标记照片

使用相同的方法，在"显示区域"中选中风景主题照片，如图2-21所示，执行"编辑>设置类别>地点"命令，则被选中的风景照片即被标记，如图2-22所示。

图2-21 选择照片

图2-22 标记照片

执行"查看>整理"命令，打开"整理"面板，在"整理"下拉列表中选择"类别"选项卡中的"人物"复选框，在"显示区域"中即可显示出"人物"的分类照片，如图2-23所示；选择"地点"复选框，即可显示出"地点"的分类照片，如图2-24所示。

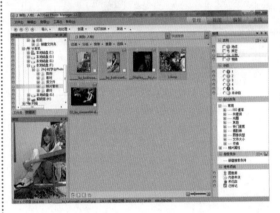

图2-23 显示人物照片

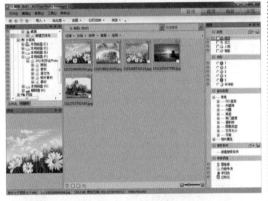

图2-24 显示地点照片

▲2.5 打印、输出数码照片

照片常见的一种输出手段就是打印输出数码照片，但是其操作过程不是很好掌握，涉及的问题也很多，下面我们来介绍一下打印输出前的一些操作技巧。

1. 设置打印的尺寸

打印尺寸是指打印机最大能支持的打印纸张的大小，一般用纸张的尺寸来表示。比如一台A3打印机，最大能够支持A3幅面的纸张。

照片打印的质量会受打印机分辨率的影响，打印机分辨率越高，打印出的照片越清晰，但是不会增加照片的大小。需要特别注意的是，由于使用的打印机驱动软件的内部选项和照片处理软件的不同，打印出来的照片尺寸也会有所不同。

打印时，必须将扫描分辨率和打印分辨率设置为相同的数值，以打印出实际的尺寸。通常，打印机驱动程序中打印尺寸的标准单位都默认为"英寸"，用户可以对其进行更改。

2. 常用的打印分辨率

打印分辨率的高低决定了打印机打印图像的质量。

打印分辨率包括纵向和横向。一般情况下，激光打印机在纵向和横向两个方向上的输出分辨率大致相同，而喷墨打印机在纵向和横向两个方向上的输出分辨率相差比较大。

通常，将照片的分辨率设置成与打印机分辨率相同的数值时能获得比较好的照片效果，比如使用300dpi的热升华打印机，选用300dpi的输出分辨率就会得到比较好的照片效果。

3. 打印机的设置

首先要将打印机与计算机连接，并安装打印机的驱动程序，打印机才能正常运行。安装完成后，再对打印机的选项进行设置。

在Photoshop中打开一张需要打印的照片，执行"文件>打印"命令，弹出"打印"对话框，如图2-25所示。单击"打印设置"按钮，在弹出的打印机属性对话框中选择"页设置"选项卡，在对话框中可以设置页尺寸、打印质量和打印方向等选项，如图2-26所示。

打印机属性设置完成后，在"打印"对话框中单击"打印"按钮，如图2-27所示，会弹出提示对话框，单击"取消"按钮即可停止打印，如图2-28所示。

之后显示打印状态，如图2-29所示，在其中还可以查看打印图像的数量和打印的进度。如果在打印过程中出现打印纸用完的现象，可按照弹出的对话框中提示的方法进行操作继续打印，如图2-30所示。

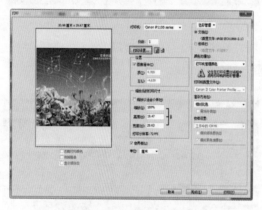

图2-25　"打印"对话框

图2-26　打印机属性对话框

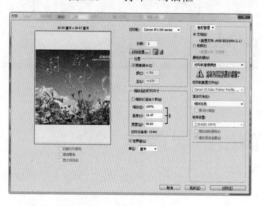

图2-27　"打印"对话框

图2-28　提示对话框

图2-29　显示打印状态

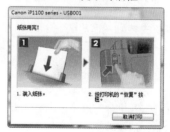

图2-30　打印纸用完

 人物磨皮.swf

 人物磨皮.psd

 制作梦幻彩妆美女.swf

制作梦幻彩妆美女.psd

 制作简单创意艺术照.swf

 制作简单创意艺术照.psd

　　我们学习了前面的知识点，了解了怎样整理计算机中的数码照片，对数码照片有了简单的归类，也知道了怎样使用打印机等输出工具打印数码照片，下面我们通过实际行动去实践，大家一起动手，来练习对数码照片进行艺术处理。赶快行动吧，让更多的美丽绽放在我们的身边！

自测9　人物磨皮

　　本案例主要介绍了用Photoshop软件来制作美容效果，主要运用"高斯模糊"滤镜和"历史记录画笔工具"来完成对皮肤瑕疵的处理，从而美化照片的整体效果，下面我们来讲解一下人物磨皮的具体方法。

请打开源图片

　　视频地址：光盘\视频\第2章\人物磨皮.swf

　　源文件地址：光盘\源文件\第2章\人物磨皮.psd

01 打开照片"光盘\源文件\第2章\素材\203.jpg"。

02 复制"背景"图层得到"背景 副本"图层。

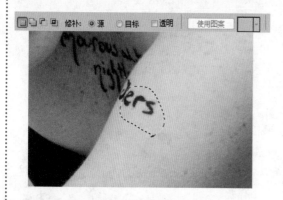
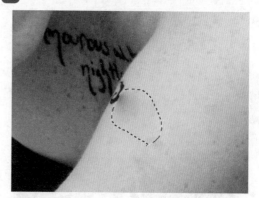

03 选择"修补工具"，在选项栏上进行设置，然后在纹身处绘制选区。

04 将光标移至选区内，拖动选区到没有纹身的皮肤处松开鼠标。

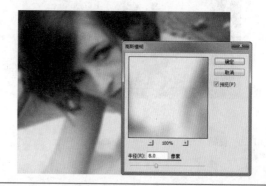

05 使用相同的方法，将纹身全部去除。

06 执行"滤镜>模糊>高斯模糊"命令，弹出
"高斯模糊"对话框，对相关参数进行设置，
然后单击"确定"按钮。

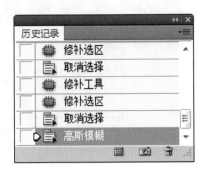

07 执行"窗口>历史记录"命令，打开"历史记
录"面板。

08 单击"高斯模糊"选项左侧的方框，将其设置
为历史记录源。

09 在"历史记录"面板中单击"取消选择"选
项，使用"历史记录画笔工具"在皮肤瑕疵处
进行涂抹。

10 使用"减淡工具"在人物眼睛下方进行涂抹。

11 完成对照片中人物皮肤的磨皮处理，得到最终效果，可以看到磨皮前后的效果对比。

　　使用"高斯模糊"滤镜可以添加低频细节，使图像产生一种朦胧效果。执行"滤镜>模糊>高斯模糊"命令，弹出"高斯模糊"对话框，该对话框中的"半径"选项用来设置模糊的范围，以像素为单位，设置的数值越高，模糊的效果越强烈。

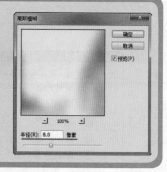

自测10　制作梦幻彩妆美女

　　在日常生活中，我们总能看见各种妆容的美女，随着流行趋势的不断发展，彩妆越来越受到女孩子们的青睐，其实一张普普通通的美女照片也可以打造成一个彩妆美女，下面让我们一起去打造美丽，与色彩共舞！

请打开源图片

🎬 视频地址：光盘\视频\第2章\制作梦幻彩妆美女.swf

🎬 源文件地址：光盘\源文件\第2章\制作梦幻彩妆美女.psd

01 打开照片"光盘\源文件\第2章\素材204.jpg"，复制"背景"图层。

02 使用"修补工具"对人物的眼睛进行处理。

03 使用"仿制图章工具"对人物眼睛处再次进行处理。

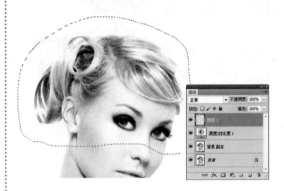

04 新建"亮度/对比度"调整图层，在"调整"面板中进行相应的设置。

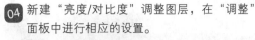
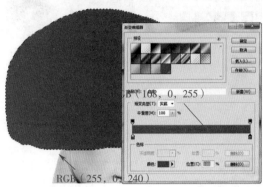

05 新建"图层1"，使用"套索工具"在眼睛和头发处创建选区。

06 选择"渐变工具"，设置渐变颜色，为选区填充线性渐变。

07 设置"图层1"的"混合模式"为"颜色"、"不透明度"为80%。

08 为"图层1"添加蒙版，选择"画笔工具"，设置"前景色"为黑色，然后在蒙版中进行相应的涂抹。

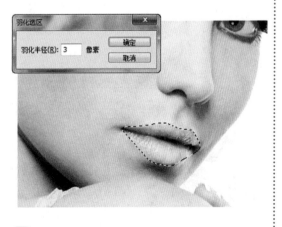

09 使用"钢笔工具"沿着嘴唇绘制路径，并将其转换为选区。

10 新建"图层2"，羽化选区，在弹出的对话框中设置"羽化半径"为3像素。

11 选择"渐变工具",设置渐变颜色,为选区填充线性渐变。

12 设置"图层2"的"混合模式"为"柔光",然后取消选区。

13 新建"图层3",设置"前景色"为RGB(245,113,126),然后使用"画笔工具"在人物脸部绘制腮红。

14 设置"图层3"的"混合模式"为"颜色"、"不透明度"为50%。

15 打开素材"光盘\源文件\第2章\素材\205.png",将其拖入到处理照片中,得到"图层4"。

16 设置"图层4"的"混合模式"为"正片叠底"、"不透明度"为10%。

RGB（185，21，130）

17 为"图层4"添加图层蒙版，选择"画笔工具"，设置"前景色"为黑色，然后在蒙版中进行相应的涂抹。

18 为"图层4"添加"颜色叠加"图层样式，并对相关参数进行设置。

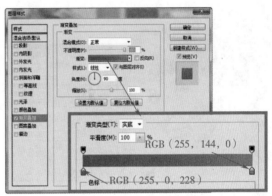

RGB（255，144，0）

色标　RGB（255，0，228）

19 打开素材"光盘\源文件\第2章\素材\206.png"，拖入到处理照片中。

20 为"图层5"添加"渐变叠加"图层样式，并对相关参数进行设置。

21 单击"确定"按钮，完成"图层样式"对话框的设置，可以看到效果。

22 使用相同的方法，完成相似内容的制作。

23 拖入其他素材，并分别进行处理。

24 打开素材"光盘\源文件\第2章\素材210.png"，拖入到处理照片中，得到"图层10"，并设置其"不透明度"为30%。

25 为"图层10"添加图层蒙版，选择"画笔工具"，设置"前景色"为黑色，然后在蒙版中将人物部分涂抹出来。

26 复制"图层7"得到"图层7副本"图层，将其移动到合适的位置，并设置"不透明度"为28%。

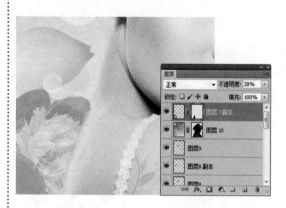

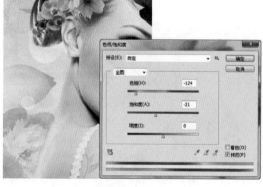

27 为"图层7副本"添加图层蒙版，选择"画笔工具"，设置"前景色"为黑色，然后在蒙版上将人物部分涂抹出来。

28 选择"图层7副本"，执行"图像>调整>色相/饱和度"命令，在弹出的对话框中进行设置。

29 打开素材"光盘\源文件\第2章\素材211.png"，拖入到处理的照片中，得到"图层11"，并对蝴蝶进行调色处理。

30 打开素材"光盘\源文件\第2章\素材212.png"，拖入到处理的照片中，设置其"混合模式"为"滤色"。

31 为"图层12"添加图层蒙版，选择"画笔工具"，设置"前景色"为黑色，然后在蒙版中进行相应的涂抹处理。

32 使用相同的方法，将其他素材拖入画布中，并调整到合适的大小和位置，然后使用"横排文字工具"在照片上输入相应文字。

33 完成梦幻彩妆美女照片效果的处理，可以看到照片在处理前和处理后的效果对比。

操作小贴士：

　　使用"色相/饱和度"命令可以调整图像中特定颜色范围的色相、饱和度和亮度，或者同时调整图像中的所有颜色。该命令尤其适用于微调CMYK图像中的颜色，以使它们处在输出设备的色域内。

　　如果选择"着色"复选框，可以将图像转换为只有一种颜色的单色图像。在变为单色图像后，可拖动"色相"、"饱和度"和"明度"滑块调整图像的颜色。

自测11　制作简单创意艺术照

　　在Photoshop中通过一些简单的处理，就能够使普通的照片焕发出艺术气息，本实例就是在Photoshop中通过调整命令、图案填充等一些简单的操作，将照片处理为富有创意的艺术效果，读者也可以自己发挥创意，设计出更多精美的效果。

请打开源图片

　　　视频地址：光盘\视频\第2章\制作简单创意艺术照.swf

　　　源文件地址：光盘\源文件\第2章\制作简单创意艺术照.psd

01 打开照片"光盘\源文件\第2章\素材\215.jpg"。

02 按快捷键Ctrl+J复制"背景"图层，得到"图层1"，然后执行"图像>调整>去色"命令，将照片去色。

03 执行"图像>调整>色彩平衡"命令，对相关
参数进行设置。

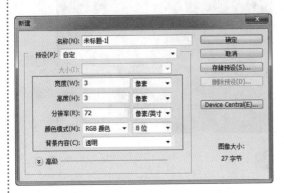

05 执行"文件>新建"命令，在弹出的"新建"
对话框中进行相应的设置。

07 执行"编辑>定义图案"命令，弹出"图案名
称"对话框，进行设置。

09 新建"图层2"，使用"矩形选框工具"在画
布中绘制选区，并填充颜色为RGB（253，
108，106）。

04 执行"滤镜>模糊>高斯模糊"命令，对相关
参数进行设置。

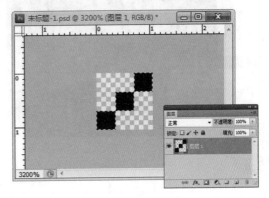

06 放大文件尺寸，使用"矩形选框工具"在画布
中绘制选区，并填充黑色。

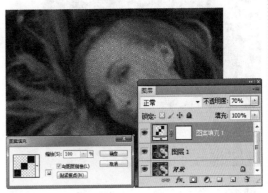

08 返回所处理的照片中，添加"图案填充"图
层，对相关参数进行设置，并设置该图层的
"不透明度"为70%。

10 执行"编辑>自由变换"命令，将其旋转到合
适的位置。

11 使用"魔棒工具"选中矩形内框选区。

12 选择"背景"图层,复制选区中的图像,然后选择"图层2",粘贴复制的图像,得到"图层3"。

13 复制"图层2"和"图层3",并将复制的图层合并。执行"编辑>自由变换"命令,将其调整到合适的位置和大小。

14 执行"图像>调整>色相/饱和度"命令,对相关参数进行设置。

15 多次复制"图层3副本"图层,并分别将复制的图层调整到合适的位置。使用相同的方法,完成相似内容的制作。

16 选择"图层2"图层,设置"前景色"为RGB(10,175,236),使用"画笔工具"在画布中进行涂抹。

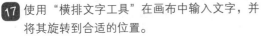

17 使用"横排文字工具"在画布中输入文字,并 **18** 完成该照片的处理,得到最终效果。
将其旋转到合适的位置。

操作小贴士:

　　使用"色彩平衡"命令可以更改图像的总体颜色混合,下面对该对话框中的相关选项进行介绍。

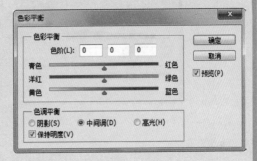

　　●"色彩平衡"选项组:在"色阶"文本框中输入数值,或者拖动各个颜色滑块可向图像中增加或减少颜色。例如,将最上面的滑块移向"青色",可在图像中增加青色,同时会减少红色;如果将滑块移向"红色",则减少青色,增加红色。

　　●"色调平衡"选项组:可以选择一个色调范围来进行调整,包括"阴影"、"中间调"和"高光"。如果选择"保持明度"复选框,可以防止图像的亮度值随颜色的改变而改变,从而保持图像的色调平衡。

第6个小时

　　要想对数码照片进行全方位的艺术处理,调整图层和调整命令是一定要了解的,因为在对数码照片进行处理时,调整图层和调整命令占了绝大部分的比例,也是照片处理好坏的关键所在。

▲ *2.6* 图像调整命令

　　在Photoshop中,图像调整命令运用得比较频繁,特别是对于照片色调和色彩的调整更是经常要用到图像调整命令。在调整照片时可以通过"颜色取样器"、"直方图"面板等查看照片的色调信息,经过分析后再对照片进行精确的调整。

1."色阶"命令

　　通过"色阶"命令可以调整照片的阴影、中间调和高光,在"色阶"对话框中有一个直方图,清楚地表达了照片的各项信息。

　　打开一张照片素材,如图2-31所示。复制"背景"图层得到"背景 副本"图层,如图2-32所示。

图 2-31　素材照片　　　　　　图2-32　复制"背景"图层

执行"图像>调整>色阶"命令，在弹出的"色阶"对话框中对相关参数进行设置，如图2-33所示。单击"确定"按钮，完成"色阶"对话框的设置，照片效果如图2-34所示。

图2-33　"色阶"对话框　　　　　　图2-34　照片效果

2. "曲线"命令

"曲线"也是用于调整照片色彩和色调的命令，比"色阶"命令的功能更加强大，可以在整个色调范围内进行调整，从高光到阴影一共能调整14个点，从而更精确地调整照片。

打开一张素材照片，如图2-35所示。执行"图像>调整>曲线"命令，弹出"曲线"对话框，如图2-36所示。

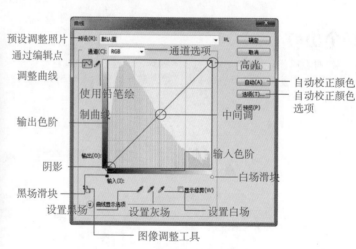

图2-35　素材照片　　　　　　图2-36　"曲线"对话框

在"曲线"对话框中对相关参数进行设置，如图2-37所示。单击"确定"按钮，照片效果如图2-38所示。

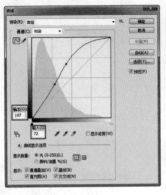 

图2-37 "曲线"对话框　　　　图2-38 照片效果

▲2.7 调整图层的创建与编辑

调整图层是用来调整照片色彩和色调信息的。在Photoshop中将色调和色彩的设置、色彩平衡、色阶、亮度/对比度调整等应用功能全部保存在了调整图层中，方便设置和修改。

1. 创建调整图层

可以通过不同的方法来创建调整图层，下面介绍两种创建方法。

（1）执行"图层>新建调整图层"命令来创建调整图层。

（2）单击"图层"面板下方的"创建新的填充或调整图层"按钮来创建调整图层。

2. 编辑调整图层

执行"图层>新建调整图层"命令，在弹出的菜单中选择相应的选项，在弹出的面板中对相关参数进行设置。或者单击"图层"面板下方的"创建新的填充或调整图层"按钮，在弹出的菜单中选择相应的选项，并在弹出的面板中进行相应的设置。

▲2.8 调整图层与调整命令的区别

调整图层主要用来控制对色调和色彩的调整，如果想要对多个图层进行相同的调整，可以在这些图层上面创建一个调整图层。调整图层可以将设置的属性值应用于下面的所有图层，因此可以通过"调整图层"命令来调整这些图层，而不用分别调整每个图层。

在Photoshop中执行"图像>调整"命令来编辑图像，可以通过使用"颜色取样器工具"、"直方图"面板和"信息"面板查看图像的色调等信息，在对图像信息分析后，再对图像进行精确调整。其中包含了"色阶"命令、"曲线"命令、"可选颜色"命令、"反相"命令、"色调均化"等二十多种命令。

调整图层与调整命令之间有两个区别：

（1）"调整图层"比"调整命令"的灵活性高

在Photoshop中将"色彩平衡"命令、"色阶"命令和"亮度/对比度"命令等应用功能全部保存在"调整图层"中，既方便了我们的设置和修改，也不会永久性地改变原始图像，从而保留了图像修改的主动性。而使用"图像>调整"命令来编辑图像，是对图像进行永久性的修改，无法在保存之后再回到原来的图像，这种操作方法缺乏灵活性。

（2）"调整图层"可以自动添加图层蒙版

应用调整图层中的任何一个选项都有蒙版，可以方便修改、设置、保存，而调整命令没有蒙版，需要用户自己添加图层蒙版。

🎬 合成消失在星空的美女.swf

🖼 合成消失在星空的美女.psd

🎬 合成冷酷女战士.swf

🖼 合成冷酷女战士.psd

自我检测

　　通过以上几个知识点和案例的学习，你对数码照片艺术处理是不是已经有了深入的了解？在本章学习的最后一个小时，我们将带领大家向更深奥的地方前进，把所学到的知识综合一下，打造出更美轮美奂的设计作品！接下来的两个案例充分运用了调整图层和调整命令以及其他技巧，不多说了，让我们开始吧！

自测12　合成消失在星空的美女

　　本案例制作的是具有魔幻色彩的人物组合，绚丽的色彩与梦幻的星空给人物赋予了一种神秘的色彩。在Photoshop中运用了大量的调整图层对人物和星空进行磨合，从而达到梦幻的效果，下面详细讲解一下本案例的具体制作方法。

请打开源图片

　　📷 视频地址：光盘\视频\第2章\合成消失在星空的美女.swf

　　🎬 源文件地址：光盘\源文件\第2章\合成消失在星空的美女.psd

01 执行"文件>新建"命令，在弹出的"新建"对话框中进行相应的设置。

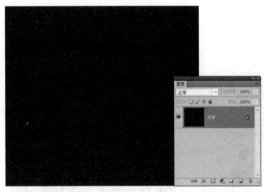

02 设置"前景色"为黑色，为画布填充前景色。

03 打开并拖入照片"光盘\源文件\第2章\素材\216.jpg"，并调整到合适的大小和位置。

04 使用相同的方法，打开并拖入相应的照片。

05 设置"图层1"至"图层3"的"混合模式"为
"变亮"。

06 选择"图层1",按快捷键Ctrl+T,对其进行
适当的旋转操作。

07 为"图层1"添加图层蒙版,设置"前景色"
为黑色,使用"画笔工具"在蒙版中进行涂
抹。

08 使用相同的方法,完成其他部分内容的处理。

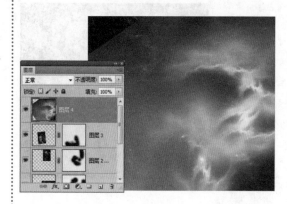

09 打开并拖入素材"光盘\源文件\第2章\素材\
219.jpg",按快捷键Ctrl+T,对其进行适当的
缩放和旋转操作。

10 设置该图层的"混合模式"为"变亮",并为
其添加图层蒙版。

11 设置"前景色"为黑色，使用"画笔工具"在
蒙版中进行涂抹。

12 使用相同的方法，打开并拖入其他相应的素
材，并分别对其进行相应的处理。

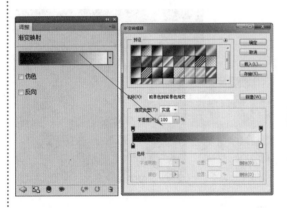

13 为图层添加"渐变映射"调整图层，在"调
整"面板中进行相应的设置。

14 设置该图层的"混合模式"为"柔光"，可以
看到照片的效果。

15 添加"色阶"调整图层，在弹出的"调整"面
板中对相关参数进行设置。

16 添加"通道混和器"调整图层，在"调整"面
板中对相关参数进行设置。

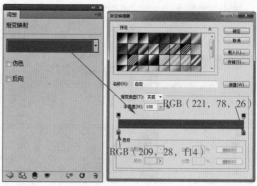

17 设置该图层的"混合模式"为"变亮"、"不透明度"为51%。

18 添加"渐变映射"调整图层，在"调整"面板中进行相应的设置。

19 设置该图层的"混合模式"为"色相"，可以看到照片的效果。

20 复制"通道混和器1"图层得到"通道混和器1副本"图层，并调整图层顺序。

21 设置该图层的"混合模式"为"叠加"、"不透明度"为41%。

22 添加"色相/饱和度"调整图层，在"调整"面板中进行相应的设置。

23 完成该照片效果的处理，得到最终效果。

操作小贴士：

　　使用"通道混和器"命令可以用当前颜色通道的混合来修改颜色通道，使用该命令可以实现：①进行改造性的颜色调整，这是其他颜色调整工具不易做到的；②创建高质量的深棕色调或其他色调的图像；③将图像转换到一些备选色彩空间；④交换或复制通道。

　　"通道混和器"命令只能作用于RGB和CMYK色彩模式，并且在执行此命令之前必须先选中主通道，而不能先选中RGB或CMYK中的单一原色通道。

自测13　合成冷酷女战士

　　冷酷的女战士总是给人一种很敬畏的感觉，在战乱纷争的年代，尽管历经沧桑，却依然有着坚毅的眼神，现有几张现代女性的照片素材，你能否利用它们制作出上个年代的女战士呢？让我们一起来动手操作吧！

请打开源图片

　　视频地址：光盘\视频\第2章\合成冷酷女战士.swf

　　源文件地址：光盘\源文件\第2章\合成冷酷女战士.psd

01 执行"文件>新建"命令，在弹出的"新建"对话框中进行相应的设置。

02 打开照片"光盘\源文件\第2章\素材\223.jpg"，使用"磁性套索工具"在照片中创建人物选区。

03 执行"选择>修改>羽化"命令，在弹出的"羽化选区"对话框中进行相应的设置。

04 将已经建立选区的人物拖入新建文档中，自动生成"图层1"，并调整到合适的位置和大小。

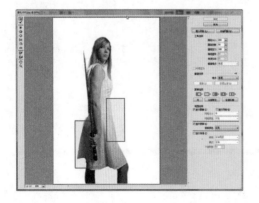

05 执行"滤镜>液化"命令，对图像进行相应的处理。

06 单击"确定"按钮，可以看到效果。

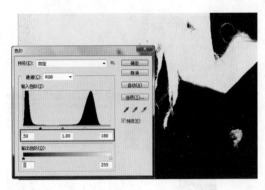

07 执行"图像>调整>色阶"命令，在弹出的
"色阶"对话框中进行相应的设置。

08 打开"光盘\源文件\第2章\素材\224.jpg"，执
行"图像>调整>色阶"命令，在弹出的对话
框中进行设置。

09 执行"选择>色彩范围"命令，在弹出的对话
框中进行相应的设置。

10 单击"确定"按钮，按快捷键Shift+F6，弹出
"羽化选区"对话框对选区进行羽化操作。

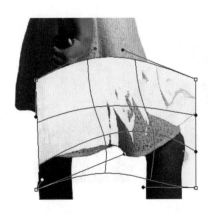

11 将选区中的图像拖入处理的照片中，得到"图
层2"，并将其调整到合适的大小和位置。

12 执行"编辑>变换>变形"命令，对"图层2"
进行变形操作。

13 隐藏"图层2",并载入其选区。按快捷键
Shift+F6,在弹出的对话框中设置"羽化半
径"为0.5像素。

14 选择"图层1",按快捷键Ctrl+J,复制选区
中的图像,得到"图层3"。

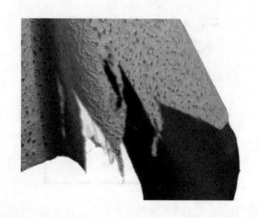

15 使用"仿制图章工具",按住Alt键在合适的
位置设置仿制源,在相应的位置进行涂抹。

16 使用"橡皮擦工具"去除裙子多余的部分。

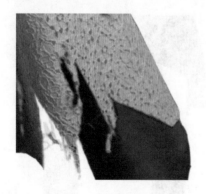

17 使用"吸管工具"单击腿上较暗的颜色,然后
选择"画笔工具",设置画笔大小为3,涂抹
出撕裂处周围的暗部。

18 使用相同的方法,完成其他部分相似效果的制
作,然后合并相关图层,重命名为"girl"。

19 使用"多边形套索工具"在画布中建立选区，按快捷键Shift+F6，在弹出的对话框中进行设置。

20 新建"图层1"，为选区填充白色，然后使用"橡皮擦工具"擦除部分图像，并设置其"混合模式"为"叠加"。

21 新建"图层2"，使用"画笔工具"载入外部画笔"光盘\源文件\第2章\素材\血.abr"，设置"前景色"为RGB（165，0，0），在画布中绘制图像。

22 调整图像到合适的大小和位置，设置"图层2"的"混合模式"为"正片叠底"。

23 复制"图层2"得到"图层2副本"，调整复制得到的图像到合适的大小和位置。

24 载入"图层1"选区，反向选择选区，分别在"图层2"和"图层2副本"上删除相应的图像。

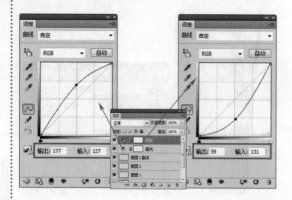

25 新建两个"曲线"调整图层，重命名为"高光"和"阴影"，分别在"调整"面板进行相应的设置。

26 将"高光"图层蒙版填充为黑色，选择"画笔工具"，设置"前景色"为白色，在蒙版中对人物的高光部分进行涂抹。

27 使用相同的方法，对"阴影"图层进行处理。

28 打开并拖入素材"光盘\源文件\第2章\素材\225.jpg"，得到"图层3"，设置其"混合模式"为"正片叠底"。

29 使用"仿制图章工具"将"图层3"中的部分内容仿制分散到画布中的其他地方。

30 使用"橡皮擦工具"将眼睛、嘴巴等地方多余的内容擦去。

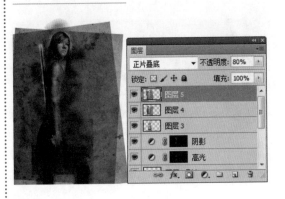

31 使用相同的方法,拖入其他素材,并分别进行处理。

32 载入"girl"图层选区,按快捷键Shift+F6,弹出"羽化选区"对话框,对选区进行羽化处理。

33 按快捷键Ctrl+Shift+I,进行反选,分别在"图层3"、"图层4"、"图层5"中删除多余图像。

34 打开并拖入素材"光盘\源文件\第2章\素材\228.jpg",得到"图层6",设置其"混合模式"为"正片叠底"。

35 使用"橡皮擦工具"擦除多余的部分。

36 使用相同的方法,拖入其他素材,并分别进行处理。

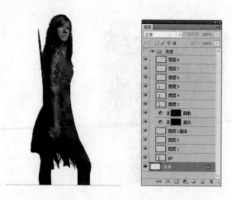

37 选中"背景"图层以外的所有图层，执行"图层>图层编组"命令，将组重命名为"女孩"，然后隐藏组。

38 打开并拖入素材"光盘\源文件\第2章\素材\231.jpg"，得到"图层9"，将其调整到合适的大小和位置。

39 使用"仿制图章工具"在画布中进行处理。

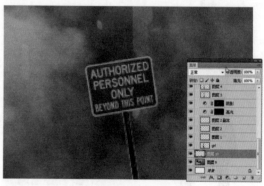

40 打开并拖入素材"光盘\源文件\第2章\素材\232.jpg"，得到"图层10"，将其调整到合适的大小和位置。

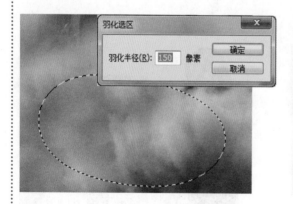

41 选择"图层6"，使用"套索工具"在画布中建立选区，然后按快捷键Shift+F6，在弹出的"羽化选区"对话框中进行设置。

42 按快捷键Ctrl+J，复制选区内的图像，得到"图层11"，调整图像到合适的位置，并将该图层移至"图层10"上方。

43 显示"女孩"组，新建"图层12"，恢复默认前景色和背景色。在画布上绘制矩形选区，执行"滤镜>渲染>云彩"命令，应用"云彩"滤镜。

44 调整"图层12"至合适的大小，并设置其"混合模式"为"滤色"。

45 为"图层12"添加图层蒙版，然后选择"画笔工具"，设置"前景色"为黑色，在蒙版中进行相应的涂抹处理。

46 打开照片"光盘\源文件\第2章\素材\233.jpg"，执行"选择>色彩范围"命令，弹出"色彩范围"对话框，进行相应的设置。

47 单击"确定"按钮，执行"选择>反向"命令，反向选择选区。

48 将选区中的图像拖入所设计的照片中，得到"图层13"。按快捷键Ctrl+T，对图像进行相应的变换操作。

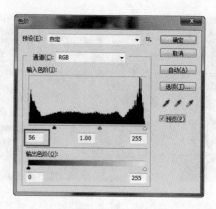

49 执行"图像>调整>色相/饱和度"命令，在弹出的对话框进行相应的设置。

50 执行"图像>调整>色阶"命令，在弹出的对话框进行相应的设置。

51 单击"确定"按钮，可以看到图像的效果。

52 为"图层13"添加图层蒙版，然后选择"画笔工具"，设置"前景色"为黑色，在蒙版上进行涂抹，把多余的部分隐藏。

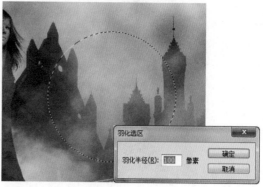

53 使用相同的方法，完成相似图像的制作。

54 新建"图层14"，使用"椭圆选框工具"在画布中绘制一个选区，然后按快捷键Shift+F6，对选区进行羽化操作。

55 为选区填充颜色RGB（252，110，5），并设置"图层14"的"混合模式"为"叠加"、"不透明度"为70%。

56 对"图层14"与"图层11"进行多次复制，并分别调整到合适的位置。

57 新建"图层15"，填充为黑色，并设置其"混合模式"为"叠加"。

58 选择"橡皮擦工具"，调整橡皮擦的大小和不透明度，在画布中进行涂抹。

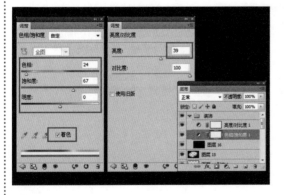

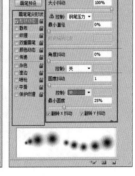

59 新建组，重命名为"装饰"，并在组内新建"图层16"，填充为黑色。然后，新建"色相/饱和度"和"亮度/对比度"调整图层。

60 选择"画笔工具"，在"画笔"画板进行相应的设置。

  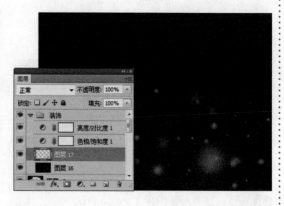

61 在"画笔"画板中继续进行相应的设置。

62 新建"图层17",选择"画笔工具",设置"前景色"为RGB(160,160,160),在画布中绘制相应图像。

63 合并"装饰"组,设置新图层的"混合模式"为"滤色"。复制"装饰"图层,并调整复制得到的图像到合适的位置。

64 完成该照片效果的处理,为照片添加一个镜头光晕,使照片效果更加具有真实感。

操作小贴士:

　　羽化是通过建立选区和选区周围像素之间的转换边界来模糊边缘的,这种模糊方式将丢失选区边缘的一些图像细节。

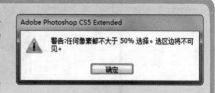

　　除了通过执行"选择>修改>羽化"命令来对选区进行羽化操作外,还可以在创建选区前,在相应的创建选区工具的选项栏中设置羽化的数值。

　　如果选区较小但羽化半径设置得较大,则会弹出警告对话框,单击"确定"按钮后,可确认当前羽化半径,但选区可能会变得非常模糊,以至于在画布中显示不出来,此时选区仍然存在。如果不希望出现警告,应减少羽化半径的值或增大选区范围。

自我评价

　　通过以上几个不同类型的照片处理的练习,你是不是感觉处理照片并没有那么难了,相信以后不管遇到什么样的照片,你都可以自己动手设计制作自己喜欢的风格了。

2

总结扩展

在上面的几个案例中，主要介绍了几种不同类型照片的艺术处理方法，在设计调整的过程中，主要使用了图层蒙版、图层混合模式、图像调整和图层样式等命令，具体要求如下表：

	了解	理解	精通
羽化选区		√	
色彩平衡			√
色相/饱和度			√
可选颜色			√
渐变映射		√	
画笔工具			√
图层混合模式		√	

数码照片对于每个人都耳熟能详，不管是在广告中还是在自家的相册里都可以见到，而在这样丰富多彩的社会中，经过精雕细琢的数码照片也有很多。本章我们主要介绍照片艺术处理的相关基础知识和制作步骤，完成本章的学习后，要求大家能够熟练掌握各种照片的设计制作和艺术处理，理解调整照片的色调均衡，掌握调整照片的思路。在今后，大家要通过大量的实例练习，逐步提高在照片艺术处理方面的水平。在接下来的一章中，我们将要学习有关字体的设计制作，准备好了吗？让我们一起出发吧！

第 **3** 章

视觉表现

——字体设计

　　本章是学习的第7个小时，通过前面6个小时的学习，相信读者对数码照片处理的相关知识已经有了一定的了解和认识。那么接下来我们将和读者一起学习在Photoshop中设计制作字体的方法和技巧，使读者能够充分了解字体设计的重要性，并掌握字体设计的方法和技巧。

　　通过学习本章的内容，你就能自己动手设计不同类型的字体了。好，让我们开始本章的学习吧！

学习目的	掌握不同类型字体的设计方法
知识点	文字工具、图层混合模式、滤镜
学习时间	3小时

商业海报上很多视觉效果很强的文字都是怎样做出来的

  文字是平面广告中重要的组成部分，是信息的传播媒介，具有很重要的影响力，合理地对字体进行设计，不仅可以使作品的宣传效果更加突出，还对信息的传播范围有决定性的影响。大家会经常在杂志或海报上看到设计非常有创意的字体，例如下面的几幅作品，这些字体都是怎样制作出来的呢？今天我们就来学习字体的设计制作，要想设计出好的字体，一定要先了解关于字体的基础知识，接下来我们就来学习一些关于字体设计的基础知识。

新颖的字体设计作品

字体设计的功能

  在平面设计中，文字的作用是向大众传达企业或个人的意图和各种信息，字体设计就

什么是字体设计

  字体设计是运用装饰手法美化文字的一种艺术表现，其目的在于增强视觉感受、提

了解字体设计的原则

  字体设计主要注重于制作文字的视觉美感，文字在视觉传达中作为画面的重要组成

是更加注重吸引大众的眼光，从而直接扩大信息的传播范围，可以为一些商业活动带来不错的效益。

高作品诉求力和赋予作品审美价值。字体设计具有表述能力强、应用范围广等特点。

部分之一，具有传达情感的功能，因而必须具有视觉上的享受。除此之外，还包括文字的适合对应性、识别性和设计的创意，同时还要与整体风格和布局相统一。

第7个小时

下面开始学习的第7个小时，在这段时间里我们将学习有关字体设计的基础知识。字体设计在平面设计中起着非常重要的作用，不仅能够向大众传播各种信息，而且具有很强的审美价值，接下来我们将学习有关字体设计的基础知识，通过本小时的学习，大家将会对字体设计有更深的了解。

▲ *3.1* 常用的字体

用于排版、印刷的规范化字体称为印刷字体，它是图文组合的重要组成内容，是导致印刷术发明和推广的重要条件。

字体是印刷用字的样式。现在，汉字印刷的常用字体有宋体、楷体、黑体、仿宋体、长仿宋体、美术字等，如图3-1所示。

宋体

基本特征：字型方正、横平竖直、横细竖粗、棱角分明、结构严谨、整齐均匀。它的笔画虽有粗细，但很有规律，使人在阅读时有一种醒目、舒适的感觉。

风格：典雅整洁、严肃大方。

宋体是应用范围极广的一种字体，无论繁体字或简体字书籍都常用它来排正文内容。

楷体（又称活体）

基本特征：楷体保持楷书钝笔、行笔的形式，笔画富有弹性，横、竖粗细略有变化，横画向右上方倾斜，点、横、竖、撇、捺、挑、钩尖锋柔和。

风格：其书写风格接近于手写，亲切而且易读，适用于书籍、信函等说明文字。

常用于排标题、引文、说明文字等，有些文学作品或少儿读物也用来编排正文。

黑体（又称方体、等线体）

可以分为粗黑、大黑、中黑、细黑、圆头黑体等类型。

基本特征：笔画单纯、粗细一致，黑体起收笔呈方形，圆头黑体起收笔呈圆形。

黑体的风格：结构严谨、庄重有力、朴素大方、视觉效果强。

常用于标题字，或表示部分重要内容。

仿宋体（又称真宋体）

基本特征：字身略长，粗细均匀，起落笔有钝角，横画向右上方倾斜，点、横、竖、撇、捺、挑、钩尖锋较长。

风格：字形秀美、挺拔，适用于书刊的注释、说明等。

常用于排印诗集短文、标题、引文等，杂志中也有用这种字体编排整段文章的。

长仿宋体

是仿宋体的一种变形，字面呈长方形，字身大小与宽度之比是 4：3或3：2，字体狭长，笔画细而清秀。

一般用于排版古书、诗词等，也有用做书刊标题。

美术字

是一种特殊的印刷字体。为了美化版面，将文字的结构和字形加以形象化。

常用于书刊封面或标题。

如今，人们为了增加版面内容的丰富多彩，又设计发明了许多新的字体供印刷使用，有中圆体、隶书体、隶变体、综艺体、美黑体、粗黑体、行书体、小姚体、新魏体等，如图3-2所示，都作为标题使用。

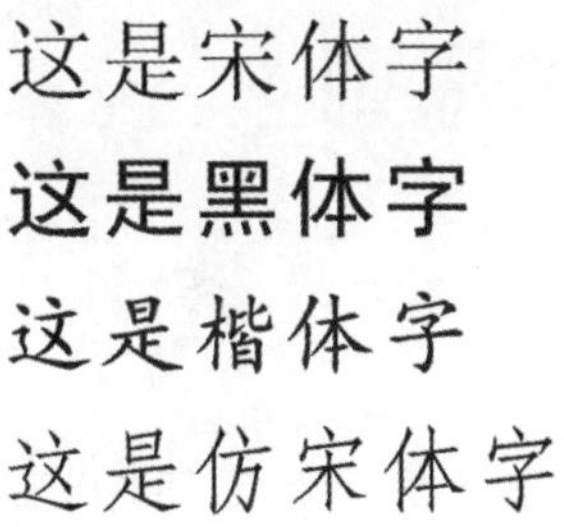

图 3-1　部分汉字字体

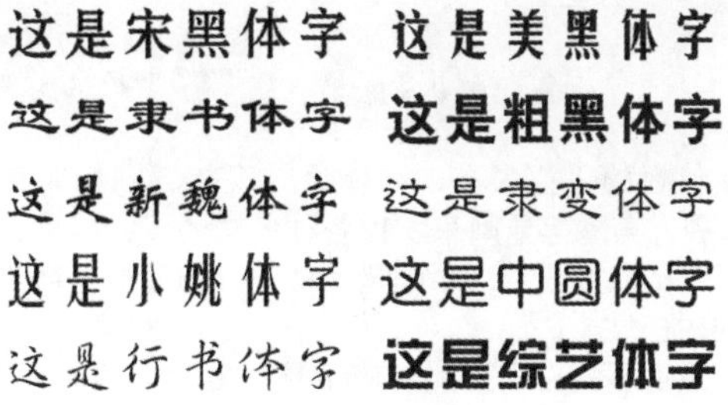

图 3-2　美术字

▲ **3.2** 字体有哪些特征

➤ **字体字号**

繁体字一般以阿拉伯数字字号来区分字体的大小规格，数目越大，字体越大。常用的字号有8号、9号、10号、11号、12号、14号、16号等。

简体字用汉字来表示字的大小。数目越大，字体越小。常用的字号有初号、小初号、大一号、一号、小一号、二号、小二号、三号、小三号、四号、小四、五号、小五、六号、七号等。

➤ **字体行距**

行距在常规下的比例为：用字10字，行距设置为12点，即10∶12。实际上，除了行距的常规比例外，行宽行窄依主体内容的需要来定。一般娱乐性、文学性的网页，通过加宽行距来展现放松、舒展的情绪，也有完全用于版式的装饰效果而加宽行距的。

➤ **字体宽度**

字体的宽度，也就是在水平方向上占用实际空间的大小。

压缩：这种格式字体的宽度要比Roman格式的小。

加宽：也有人称为扩展。这种格式与压缩格式正好相反，它在水平方向上占用的空间要比Roman格式大，也就是说加宽了。

➤ **字体字形**

字形是指字体站立的角度，这里有3种不同的字形。

正常体：这是人们最常用也是最熟悉的一种字形，它不加任何修饰性的东西，一般用于编排正文内容。

粗体：类似于斜体，用于正文页面中需要强调的文本。

下画线体：它的作用也类型于斜体，用于正文页面中需要强调的文本，更多的时候用于链接的文字。

➤ **字体和比例**

在运用字体时，一种字体的字号大小与另一种字体以及页面上其他元素之间的比例关系非常重要，大家需要认真对待。

字体的尺寸是以不同方式来计算的，它的单位有两个：磅（pt）和像素（pixel）。以磅为单位的计算方法是根据打印设立的，以计算机的像素技术为基础的单位需要在打印时转换为磅。总而言之，在设置字体的尺寸时，为了方便，通常采用磅。

➤ **字体方向**

向左、向右、向上、向下——字体显示的方向对其使用的效果将会产生很大的影响。

➤ **行间距**

在排版设计中还需要注意行间距，两行文本相距多远也会对文本的可读性产生影响。

➤ **字符间距与字母间距**

字符间距指没有字体差别的一个字符与另一个字符之间的水平间距。也就是说，我们可以同时设置相邻两个字符之间的距离。

字母间距指一种字体中每个字母之间的距离。在默认的设置下，人们可以看到在两个相邻的字母之间没有太大的空隙，它们是相互接触的，有时候可能会影响到文本的可读性。

▲ *3.3* 字体设计的原则

作为文化传播的重要渠道，字体设计既有原则约束又有风格发挥，字体设计应该遵循文字的适合性、可识性和视觉美感等原则来发挥各种各样的设计风格，起到"双管齐下"的效果。

"没有规矩不成方圆"，原则是字体设计质量的保障。

➤ 文字的对应性

文字设计最重要的在于要能对应主题需要表达的内容，要与其本质相吻合，不能相互脱离，更不能相互冲突，破坏了文字的诉求效果。尤其在产品广告的文字设计上，更应该注意任何一条标语、一个字体标志，因为每个商品品牌都有其自身的内涵。

➤ 文字的识别性

文字的主要功能是在视觉传达中向消费大众传达消费信息，要达到这样的目的，就必须考虑文字的诉求效果，给人以清晰易懂的视觉感受。不管字体设计得多么富有美感，如果失去了文字的识别性，这一设计无疑是没有用的。

➤ 文字的视觉享受

文字在视觉传达中作为整体画面的重要组成部分之一，具有传达情感的功能，因而它必须具有视觉上的美感，能够给人以美的享受。

➤ 文字设计的创意

根据主体内容的要求，突出文字设计的创意色彩，创造出独具特色的字体。

▲ *3.4* 字体设计的风格

字体设计的风格主要是针对企业或者产品是面对什么人群来定义的，根据不同的人群有下列几种设计风格。

➤ 隽秀柔美

字体线条流畅、清晰优美，给人以柔美、典雅的感受，这样的字体适用于女性用品、化妆品、装饰品、服务行业等主题。

➤ 稳重挺拔

字体造型工整、富有力度，给人以简单、爽朗的时代感，有较强的视觉冲击力。这种个性的字体适合于男性用品和现代科技领域等主题。

➤ 活泼风趣

字体造型生动开朗，有较强的节奏韵律，色彩鲜明，给人以生机盎然的感觉。这种个性的字体适用于儿童用品、时尚产品和运动休闲等主题。

➤ 苍劲朴素

字体朴实无华，饱含时代之风韵，给人以时光流逝的岁月感。这种个性的字体适用于传统产品、民间艺术品等主题。

学习字体设计，需要深入了解东、西方文化在文字体系中的运用和推广，并区别不同区域字体的设计风格，运用美学的规律，达到相互借鉴、相互融合的地步，从而充分发挥设计者的主观意愿和创新。如图3-3所示为字体设计在平面广告中的应用。

图3-3　字体设计在平面广告中的应用

 制作颓废斜纹潮流文字.swf

 制作颓废斜纹潮流文字.psd

制作梦幻彩色火焰文字.swf

制作梦幻彩色火焰文字.psd

　　了解了有关常用字体与字体特征的知识，并且学习了字体设计的原则及风格后，大家应该对字体的基础知识很熟悉了。下面我们开始付诸于行动，练习各种类型字体的设计制作，让我们一起来行动吧！接下来给出两个案例，你可以先预览一下，考查一下自己是不是可以设计出这样的字体。

自测14　制作颓废斜纹潮流文字

　　我们有时候会用到一些比较具有复古或者颓废感的文字效果，以及一些字迹斑驳的文字效果，这样的文字效果，在一些复古的咖啡店、酒吧等地方用得比较多，本实例将带领读者一起完成一个颓废斜纹潮流文字的制作。

请打开源图片

　　视频地址：光盘\视频\第3章\制作颓废斜纹潮流文字.swf

　　源文件地址：光盘\源文件\第3章\制作颓废斜纹潮流文字.psd

01 执行"文件>打开"命令，打开素材 "光盘\源文件\第3章\素材\301.jpg"。

02 选择"横排文字工具"，打开"字符"面板，进行相应的设置，然后在画布中输入文字。

03 栅格化文字并重命名为"上"，按快捷键Ctrl+J，复制"上"图层，得到新图层并重命名为"中"。

04 按住Ctrl键单击"上"图层的缩览图，载入选区，然后执行"编辑>描边"命令，对相关参数进行设置。

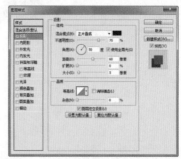

05 完成"描边"对话框的设置，按快捷键Ctrl+D取消选区。

06 为"上"图层添加"投影"图层样式，并对相关参数进行设置。

07 完成"投影"对话框的设置，得到文字效果。

08 选择"中"图层，为该图层添加"投影"图层样式，并对相关参数进行设置。

09 按住Ctrl键单击"中"图层的缩览图，载入选区。

10 执行"选择>修改>收缩"命令，弹出"收缩选区"对话框，对相关参数进行设置，然后单击"确定"按钮。

11 为选区填充白色，按快捷键Ctrl+D取消选区。

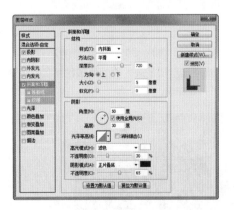

12 为该图层添加"斜面和浮雕"图层样式，并对相关参数进行设置。

13 在"图层样式"对话框中选择"渐变叠加"复选框，对相关参数进行设置。

14 完成"图层样式"对话框的设置，并设置该图层的"填充"为0%。

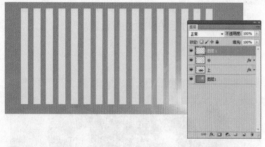

15 新建"图层1"，使用"矩形选框工具"在画布中绘制矩形选区，并填充颜色RGB（255，255，0），然后将该矩形复制多个。

16 执行"编辑>变换>斜切"命令，对图像进行斜切操作。

17 载入"中"图层选区，选择"图层1"，为该图层添加图层蒙版，并设置该图层的"不透明度"为60%。

18 新建"图层2"，使用"钢笔工具"沿文字边缘绘制出文字的高光部分，并填充为白色。

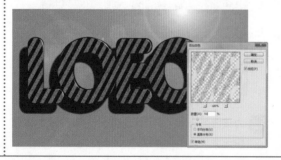

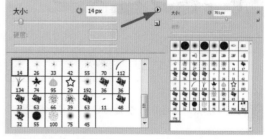

19 选择"图层1"，载入该图层蒙版选区，执行"滤镜>杂色>添加杂色"命令，在弹出的"添加杂色"对话框中对相关参数进行设置。

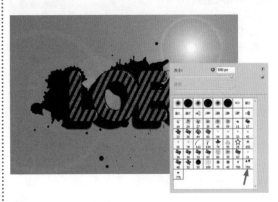

20 选择"画笔工具"，在选项栏上打开"画笔预设"面板，载入外部画笔"光盘\源文件\第3章\素材\喷墨笔刷.abr"。

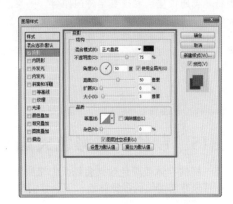

21 新建"图层3"，选择"画笔工具"，设置"前景色"为黑色，然后在画布中绘制图像。

22 为"图层3"添加"投影"图层样式，并对相应参数进行设置。

23 完成"图层样式"对话框的设置，可以看到图像的效果。

24 打开素材"光盘\源文件\第3章\素材\302.jpg"，将其拖入到设计文档中，并调整图层的叠放顺序。

25 打开素材"光盘\源文件\第3章\素材\303.png"，将其拖入到设计文档中，并调整到合适的大小和位置。

26 完成颓废斜纹潮流文字效果的制作，得到最终效果。

操作小贴士：

Photoshop有着强大的文字处理功能。通过"字符"面板，可以对文字格式进行精确的设置。在设置字符间距时，如果在下拉列表中输入的数值为正值，会使字符间距增加，如果输入的是负值，则会使字符间距减小。

单击"字符"面板右上角的三角按扭 ，在弹出的下拉菜单中选择"复位字符"命令，可以将面板中的字符恢复到原始的设置状态，在画布中的文本也将恢复到原始的输入状态。

自测15 制作梦幻彩色火焰文字

不一样的字体或颜色效果会给人们带来不一样的视觉感受，独特的字体加上梦幻的颜色和效果更能给人们带来非常梦幻的视觉体验，下面我们来介绍梦幻彩色字体特效的制作方法。

请打开源图片

视频地址：光盘\视频\第3章\制作梦幻彩色火焰文字.swf

源文件地址：光盘\源文件\第3章\制作梦幻彩色火焰文字.psd

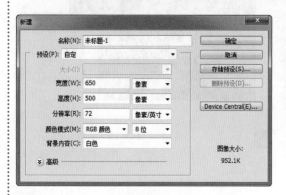

01 执行"文件>新建"命令，在弹出的"新建"对话框中进行相应的设置。

02 将画布填充为黑色，选择"横排文字工具"，在"字符"面板中进行相关参数的设置，然后在画布中输入文字。

03 复制 "Love" 图层得到 "Love副本" 图层，将 "Love" 图层隐藏，将 "love副本" 图层栅格化。

04 执行 "滤镜>模糊>高斯模糊" 命令，弹出 "高斯模糊" 对话框，对参数进行设置。

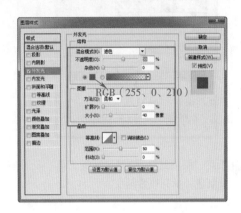

RGB（255、0、210）

05 选择 "涂抹工具" ，在选项栏上对相关参数进行设置，然后沿着文字边缘进行涂抹。

06 选择 "Love副本" 图层，为其添加 "外发光" 图层样式，并对相关参数进行设置。

07 显示 "Love" 图层，将该图层作为选区载入。

08 新建 "图层1" ，执行 "编辑>描边" 命令，在弹出的 "描边" 对话框中对相关参数进行设置。取消选区，并删除 "Love" 图层。

09 将 "图层1" 复制两次，然后分别对 "图层1副本" 和 "图层1副本2" 上的图像进行适当的旋转操作。

10 使用 "涂抹工具" ，分别对 "图层1" 、 "图层1副本" 、 "图层1副本2" 中字体的边缘棱角处进行适当的涂抹。

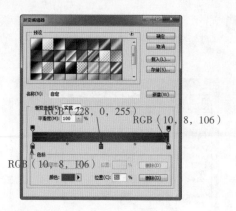

11 新建"图层2",使用"渐变工具",设置渐变颜色,填充线性渐变。

12 设置"图层2"的"混合模式"为"柔光"。

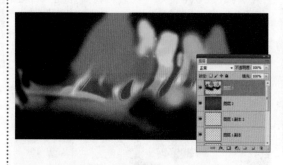

13 新建"图层3",选择"画笔工具",设置"前景色"为RGB(0,252,255),然后在文字部分进行涂抹。

14 使用相同的方法,用其他颜色进行涂抹。设置"图层3"的"混合模式"为"颜色"、"不透明度"为70%。

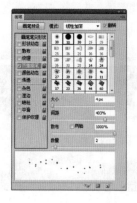

15 新建"图层4",设置"前景色"为白色,选择"画笔工具",打开"画笔"面板,对相关参数进行设置。

16 使用"画笔工具"在文字周围进行绘制,并设置"图层4"的"混合模式"为"叠加"。

17 复制"图层4"得到"图层4副本",可以看到
图像的效果。

18 按快捷键Ctrl+Alt+Shift+E盖印图层,得到
"图层5"。执行"编辑>变换>垂直翻转"命
令,将其移至适当的位置。

19 设置"图层5"的"混合模式"为"滤色"、
"不透明度"为50%。

20 为"图层5"添加图层蒙版,然后使用"渐变
工具"在蒙版中填充黑白渐变。

21 打开并拖入素材"光盘\源文件\第3章\素材
\304.jpg",调整图层顺序,并设置"不透明
度"为20%。

22 完成梦幻火焰文字效果的制作,得到最终效
果。

操作小贴士:

　　使用"涂抹工具"可以拾取鼠标单击处的颜色,并沿拖移的方向展开这种颜色,模拟出类似于
手指拖过湿油漆时的效果。此效果常运用于制作火焰和模糊图像或降低图像的清晰度,本案例便是
使用"涂抹工具"来实现的火焰效果。

第8个小时

通过前一个小时的学习，相信你已经对字体设计的基础知识有了一定的了解，在下面的一个小时里，我们将学习文字工具的基本内容，向读者逐步介绍文字工具的使用和相关设置。

▲ *3.5* 使用文字工具

在Photoshop中有两种文字输入方法，即"横排文字"和"直排文字"，对于一些变形的文字也可以在选项栏上进行相关的设置。

在Photoshop中有4种关于文字的工具，即"横排文字工具"、"直排文字工具"、"横排文字蒙版工具"和"直排文字蒙版工具"。

➤ 横排文字工具

单击工具箱中的"横排文字工具"按钮 **T**，在画布中单击并输入文字，即可输入横排文字，如图3-4所示。在文字输入完成后，可进一步对文字的字体、字号和颜色等相关参数进行设置，如图3-5所示。

图3-4　输入文字　　　　　　　　　　　　图3-5　设置文字属性后的效果

➤ 直排文字工具

在工具箱中的"横排文字工具"按钮 **T** 上右击，在弹出的工具组中选择"直排文字工具"选项，然后在画布中单击并输入文字，即可输入直排文字，如图3-6所示。在文字输入完成后，可进一步对文字的字体、字号和颜色等相关属性进行设置，如图3-7所示。

图3-6　输入文字　　　　　　　　　　　　图3-7　设置文字属性后的效果

➤ 横排文字蒙版工具

在工具箱中的"直排文字工具"按钮 **T** 上右击，在弹出的工具组中选择"横排文字蒙版工具"选项，然后在画布中单击并输入文字即可，如图3-8所示。输入完成后，单击选项栏上的"提交所有当前编辑"按钮 ✓，将自动载入文字选区，如图3-9所示。新建图层并为选区填充颜色，然后调整文字的位置，按快捷键Ctrl+D取消选区，如图3-10所示。

图3-8 输入横排文字　　　图3-9 得到文字选区　　　图3-10 文字的最终效果

➤ 直排文字蒙版工具

在工具箱中的"横排文字蒙版工具"按钮上右击，在弹出的工具组中选择"直排文字蒙版工具"选项，然后在画布中单击并输入文字即可，如图3-11所示，输入完成后，单击选项栏上的"提交所有当前编辑"按钮，将自动载入文字选区，如图3-12所示。新建图层并为选区填充颜色，然后调整文字的位置，按快捷键Ctrl+D取消选区，如图3-13所示。

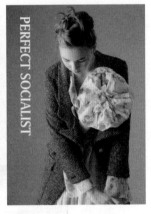

图3-11 输入直排文字　　　图3-12 得到文字选区　　　图3-13 文字的最终效果

▲ 3.6 文字工具的选项栏

创建文字变形时任意选择一种文字工具，在选项栏上都会显示与该文字工具相关的属性，如图3-14所示。通过对这些属性参数进行设置，可以设置文本的方向、字体、字号、颜色和对齐方式等属性。

图3-14 文字工具的选项栏

▲ *3.7* "字符"面板

使用文字工具在画布中输入文字后，可以通过"字符"面板来对文字的字体、字号、颜色、行距、字距、基线偏移等相关属性进行设置。

执行"窗口>字符"命令，打开"字符"面板，在面板中对文字的相关属性进行设置，如图3-15所示。单击"字符"面板右上角的■■按钮，在弹出的菜单中可以设置更多的文本选项，如图3-16所示。

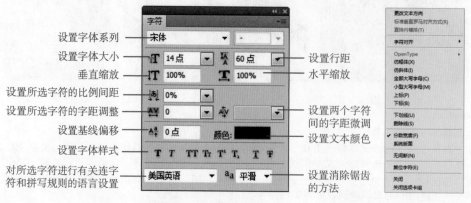

设置字体系列
设置字体大小
垂直缩放
设置所选字符的比例间距
设置所选字符的字距调整
设置基线偏移
设置字体样式
对所选字符进行有关连字符和拼写规则的语言设置

设置行距
水平缩放
设置两个字符间的字距微调
设置文本颜色
设置消除锯齿的方法

图3-15　"字符"面板　　　　　图3-16　"字符"面板菜单

▲ *3.8* "段落"面板

使用文字工具在画布中输入文字后，将文本全部选中，可以通过"段落"面板对文本段落的对齐方式、缩进选项、段前空格和段后空格等相关属性进行设置。

执行"窗口>段落"命令，打开"段落"面板，如图3-17所示。单击"段落"面板右上角■■按钮，在弹出的菜单中可以设置更多的段落文本选项，如图3-18所示。

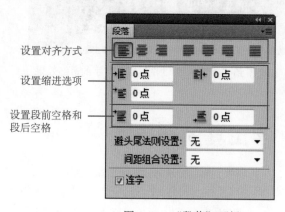

设置对齐方式
设置缩进选项
设置段前空格和段后空格

图 3-17　"段落"面板　　　　　图3-18　"段落"面板菜单

 制作炫酷质感立体文字.swf

 制作炫酷质感立体文字.psd

 制作3D透视文字.swf

制作3D透视文字.psd

　　看到炫酷立体的质感文字设计，相信你会很好奇这些字体是如何设计制作的！通过学习Photoshop中文字工具的应用后，大家基本上能够应用所学到的字体设计知识和Photoshop中的相关知识设计和制作这些字体了。那么，下面让我们一起来动手学习吧！对于接下来给出的两个案例，你可以先预览一下，考查一下自己是不是可以设计出这样的字体。

自测16　制作炫酷质感立体文字

字体的各种效果都是字体的另一种表现形式，将斑驳的色彩与强有力的立体效果相搭配，会表现出前所未有的视觉体验。下面要解析的炫酷质感立体文字的制作就是色彩与立体感的结合。

请打开源图片

视频地址：光盘\视频\第3章\制作炫酷质感立体文字.swf

源文件地址：光盘\源文件\第3章\制作炫酷质感立体文字.psd

01 执行"文件>新建"命令，在弹出的"新建"对话框中进行相应的设置。

02 将画布填充为黑色，然后新建"图层1"，选择"画笔工具"，在选项栏上打开"画笔预设"选取器。

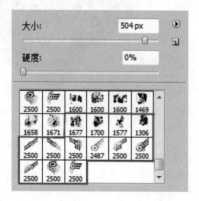

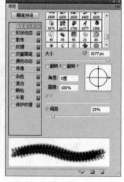

03 单击右上角的三角形按钮▶，选择"载入画笔"选项，载入外部画笔"光盘\源文件\第3章\素材\画笔01.abr"。

04 在"画笔"面板和选项栏中对相关属性进行设置，并在画布中进行绘制。

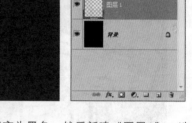

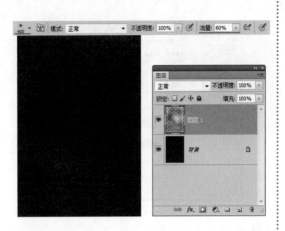

05 依次选择不同的"画笔笔刷"进行绘制，并不断调整画笔的"大小"、"不透明度"和"流量"。

06 选择"画笔工具"，在选项栏中对相关属性进行设置，然后在"图层1"中进行绘制。

07 为"图层1"添加图层蒙版，使用相同的方法，在图层蒙版上进行绘制。

08 添加"曲线"调整图层，并在"调整"面板中对相关参数进行设置。

09 选择"横排文字工具"，在"字符"面板中对相关参数进行设置，然后在画布中输入文字，并对文字进行适当旋转操作。

10 使用相同的方法，输入其他文字，并将两个文字图层合并。

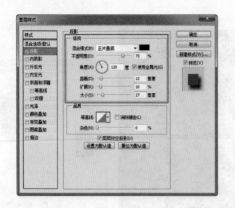

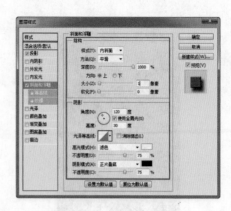

11 为"平面设计"图层添加"投影"图层样式，并对相关参数进行设置。

12 在"图层样式"对话框中选择"斜面和浮雕"复选框，并对相关参数进行设置。

13 在"图层样式"对话框中选择"渐变叠加"复选框，并对相关参数进行设置。

14 单击"确定"按钮，完成"图层样式"对话框的设置，可以看到图像的效果。

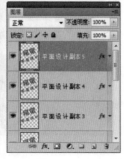

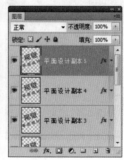

15 将"平面设计"图层复制5次，得到"平面设计 副本"至"平面设计 副本5"。

16 按住Shift键分别将各个图层依次向左下方移动，并调整各图层的"不透明度"。

17 载入"平面设计 副本5"图层选区，执行"选择>调整边缘"命令，在弹出的"调整边缘"对话框中对相关参数进行设置。

18 保留选区，按D键恢复前景色和背景色。新建"图层2"，执行"滤镜>渲染>云彩"命令，应用"云彩"滤镜。

19 按快捷键Ctrl+D，取消选区。将"图层2"复制3次，得到"图层2副本"至"图层2副本3"，并将"平面设计 副本5"拖至顶层。

20 将"图层2副本3"复制两次得到"图层2副本4"和"图层2副本5"，并将这两个图层拖至最顶层，设置图层的"混合模式"为"叠加"。

21 新建"图层3"，设置"前景色"为RGB（255，255，0），使用"画笔工具"在画布中进行绘制。

22 使用相同的方法，设置不同的颜色，在画布中进行绘制。

23 将"图层3"的"混合模式"设置为"叠加"。

24 新建"图层4",设置"前景色"为RGB（90，47，0），使用"画笔工具"在画布中进行涂抹。

25 将"图层4"的"混合模式"设置为"颜色减淡"。

26 新建"图层5",使用相同的方法,在文字部分绘制高光。

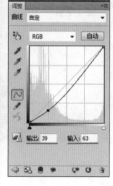

27 添加"曲线"调整图层,并在"调整"面板中对相关参数进行设置。

28 添加"色彩平衡"调整图层,并在"调整"面板中对相关参数进行设置。

29 选择"画笔工具",在选项栏上进行相应的设置,然后在"色彩平衡"调整图层蒙版上进行涂抹。

30 根据"图层1"和"图层3"的制作方法,制作出其他部分的图像效果。

31 完成炫酷质感立体文字的制作,得到最终效果。

操作小贴士:

所谓"点文本"就是使用"横排文字工具"或"直排文字工具"在画布上单击输入的文本,"段落文本"就是使用"横排文字工具"或"直排文字工具"在画布中绘制一个矩形文本框,在文本框里输入的文本。

点文本和段落文本可以相互转换。如果是点文本,可执行"图层>文字>转换为段落文本"命令,将其转换为段落文本;如果是段落文本,可执行"图层>文字>转换为点文本"命令,将其转换为点文本。

将段落文本转换为点文本时,所有溢出定界框的字符都会被删除。因此,为避免丢失文字,应首先调整定界框,使所有文字在转换前都显示出来。

自测17　制作3D透视文字

　　字体设计是制作平面广告作品中非常重要的一个环节，好的字体设计在平面广告中能起到画龙点睛的作用。在平面广告中使用比较光亮的文字可以突出产品的主题，使广告具有更好的视觉冲击力，本实例将带领读者完成一个3D透视文字效果的制作。

请打开源图片

　　视频地址：光盘\视频\第3章\制作3D透视文字.swf

　　源文件地址：光盘\源文件\第3章\制作3D透视文字.psd

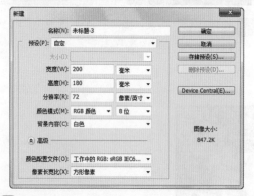

01 执行"文件>新建"命令，弹出"新建"对话框，进行相应的参数设置。

02 将画布填充为黑色，选择"横排文字工具"，进行相应的设置，然后在画布中输入文字。

03 选择P文字，在"字符"面板中设置字符间距选项。使用相同的方法，对其他文字进行设置。

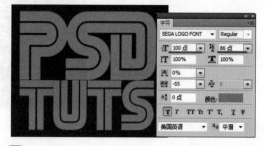

04 选择PSD文字，在"字符"面板中对相关选项进行设置。

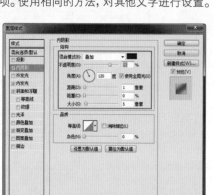

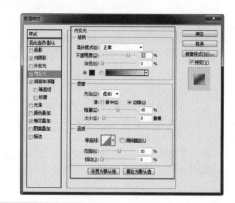

05 将文字栅格化，然后为该图层添加"内阴影"图层样式，并对相关参数进行设置。

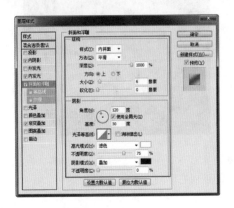

06 在"图层样式"对话框中选择"内发光"复选框，并对相关参数进行设置。

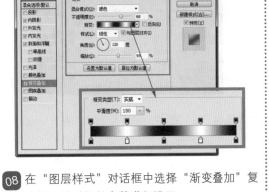

07 在"图层样式"对话框中选择"斜面和浮雕"复选框，并对相关参数进行设置。

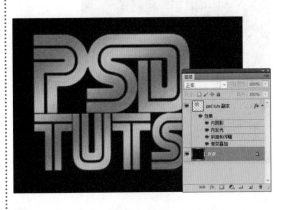

08 在"图层样式"对话框中选择"渐变叠加"复选框，并对相关参数进行设置。

09 单击"确定"按钮，完成"图层样式"对话框的设置，可以看到文字效果。

10 执行"编辑>变换>透视"命令，拖曳变换框的角点，调整文字的透视角度。

11 按Enter键确认，然后执行"编辑>变换>缩放"命令，调整图像的大小。

12 按快捷键Ctrl+J，将该图层复制两次，得到两个图层，并分别重命名。

13 选择"中"图层,按键盘上的向右方向键,将
图像向右移动。

14 选择"下"图层,按键盘上的向右方向键,将
图像向右移动。

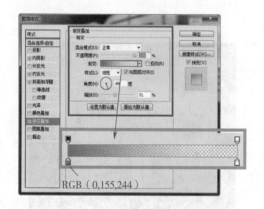

RGB(0,155,244)

15 选择"中"图层,添加"渐变叠加"图层样
式,并对相关参数进行设置。

16 将"中"图层的"内发光"图层样式隐藏,并
设置该图层的"填充"为0%。

17 按住Ctrl键单击"上"图层的缩览图,载入选区,
在"图层"面板的最上方新建"图层1"。

18 选择"渐变工具",打开"渐变编辑器"对话
框,设置渐变颜色,在选区中填充线性渐变。

19 按快捷键Ctrl+D取消选区，设置"图层1"的"混合模式"为"柔光"。

20 新建"组1"，将除"背景"图层以外的所有图层拖入"组1"图层组中，然后复制"组1"得到"组1副本"图层组。

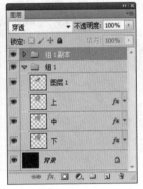

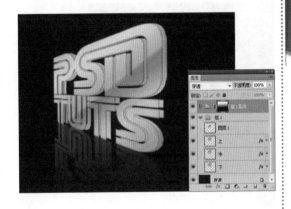

21 选择"组1副本"，执行"编辑>变换>垂直翻转"命令，将其调整到合适的位置。

22 为"组1副本"图层组添加图层蒙版，使用"渐变工具"在蒙版中填充黑白线性渐变。

23 新建"图层2"，填充黑色。执行"滤镜>渲染>镜头光晕"命令，弹出"镜头光晕"对话框，进行相应的设置。

24 单击"确定"按钮，完成"镜头光晕"对话框的设置。

25 设置"图层2"的"混合模式"为"柔光"。

26 复制"图层2"得到"图层2副本",调整位置。添加图层蒙版,并使用"画笔工具"在蒙版中进行涂抹。

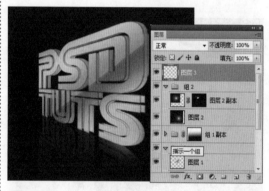

27 新建一个"组2",将"图层2"与"图层2副本"拖入到"组2"图层组中,新建"图层3"。

28 为"图层3"填充黑色,执行"滤镜>渲染>镜头光晕"命令,弹出"镜头光晕"对话框,进行相应的设置。

29 设置"图层3"的"混合模式"为"线性减淡（添加）"。

30 执行"文件>新建"命令,弹出"新建"对话框,对相关参数进行设置。

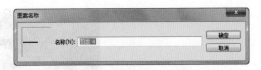

31 将画布放大，使用"矩形选框工具"在画布中绘制矩形选区，为选区填充黑色，然后取消选区。

32 执行"编辑>定义图案"命令，弹出"图案名称"对话框，进行相应的设置，然后单击"确定"按钮。

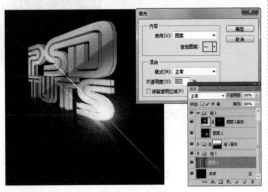

33 返回设计的文字中，在"背景"图层上方新建"图层4"。

34 执行"编辑>填充"命令，弹出"填充"对话框，进行相应的设置，然后单击"确定"按钮。

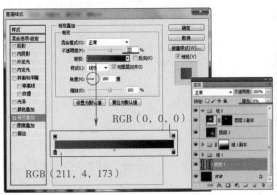

35 设置"图层4"的"填充"为0%，然后为该图层添加"渐变叠加"图层样式，并对相关参数进行设置。

36 单击"确定"按钮，执行"编辑>变换>旋转90度（顺时针）"命令，对图像进行旋转操作。

37 按快捷键Ctrl+T，对图像进行缩放和扭曲操作，并调整到合适的位置。

38 打开素材"光盘\源文件\第3章\素材\305.jpg"，将该图像拖入到设计文档中，并调整图层的叠放顺序。

㊴ 完成光亮的3D透视文字效果的制作，得到最终效果。

操作小贴士：

　　在编辑图像的过程中，大家经常会碰到对图像进行变换的操作。在Photoshop CS 5.1中，执行"编辑>变换"命令，在变换下拉菜单中包含了各种变换命令，执行这些命令可以对图像进行缩放、旋转、斜切、翻转及自由变换等操作。

　　在进行斜切图像时，按快捷键Ctrl+T显示出定界框，然后按住快捷键Shift+Ctrl不放，移动鼠标到定界框左侧或右侧中间的控制点上，或者移动鼠标到定界框上方或上方中间的控制点上，同样可以对对象进行斜切操作。

第9个小时

　　这是本章学习的最后一个小时了，在这段时间内将详细介绍如何为文字添加特殊的效果，包括变形文字的创建以及设置、路径文字的创建和技巧等。通过本小时的学习，用户便可以在设计过程中添加各种各样的文字效果，使设计的作品更具艺术感。

▲ *3.9*　变形文字

　　在Photoshop中，不仅可以输入普通版式的文字，还可以通过一些简单的设置，对文字进行变形和编排，使文字变得更加新颖、与众不同。

　　在Photoshop中，可以使用"变形"对话框中的属性设置为文字添加各种预设的变形效果，通过"变形"对话框的设置可以更加方便地控制文字的方向以及透视等属性。选中需要变形的文字，单击文字工具选项栏上的"创建文字变形"按钮，或者执行"图层>文字>文字变形"命令，即可弹出"变形文字"对话框，如图3-19所示。单击"样式"框右边的倒三角即可弹出"样式"下拉菜单，如图3-20所示。

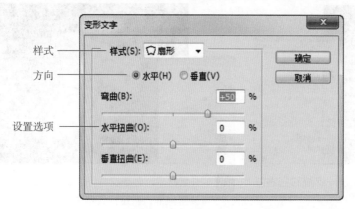

图 3-19　"变形文字"对话框　　　　　图 3-20　"样式"下拉菜单

选中需要变形的文字，在"样式"下拉菜单中任意选择一种变形样式，即可创建变形文字效果，如图3-21与图3-22所示。

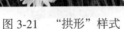

图 3-21 "拱形"样式   图 3-22 "花冠"样式

▲ *3.10* 路径文字

路径文字即沿着路径边缘排列的文字，或者在封闭的路径内输入文字。其中，路径可以是开放的，也可以是封闭的，通过制作路径文字，可以在Photoshop中创建一些特殊的文字效果。

开放路径文字的创建

选择"钢笔工具"，在选项栏上单击"路径"按钮，在画布中绘制一条开放的路径，如图3-23所示。选择"横排文字工具"，将光标移至路径的一端，单击鼠标，即可沿路径输入文字，如图3-24所示。

图3-23 绘制路径   图 3-24 在路径上输入文字

封闭路径文字的创建

选择"自定形状工具"，在选项栏上单击"路径"按钮，在画布中绘制一个封闭的路径，如图3-25所示。选择"横排文字工具"，将光标移至封闭路径的内部，单击鼠标，即可在封闭的路径内输入文字，如图3-26所示。

图 3-25 绘制封闭路径   图3-26 在封闭路径内输入文字

 制作3D立体文字.swf

 制作3D立体文字.psd

 制作个性质感裂纹文字.swf

 制作个性质感裂纹文字.psd

 制作立体变形文字.swf

 制作立体变形文字.psd

在Photoshop中使用文字工具不仅可以输入普通版式的文字，还可以通过一些简单的设置和编排，使文字变得更加新颖、更加与众不同。下面我们就开始付诸于行动，大家一起动手，练习各种类型字体的设计制作。对于接下来给出的3个案例，你可以先预览一下，考查一下自己是不是可以设计出这样的字体。

自测18 制作3D立体文字

现今，立体字在商业海报中应用得比较广泛，一个完美的立体效果拥有很强的震撼力和威慑力，会给观众以很强的视觉冲击体验，从而留下深刻的印象。下面我们来介绍这类3D立体文字的制作方法。

请打开源图片

视频地址：光盘\视频\第3章\制作3D立体文字.swf

源文件地址：光盘\源文件\第3章\制作3D立体文字.psd

01 执行"文件>新建"命令，在弹出的"新建"对话框中进行相应的设置。

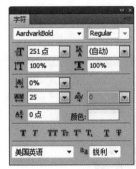

02 设置"前景色"为白色，使用"横排文字工具"输入文字。

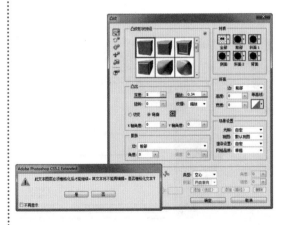

03 执行"3D>凸纹>文本图层"命令，弹出栅格化文字提示对话框，单击"是"按钮，弹出"凸纹"对话框，对相关属性进行设置。

04 单击工具箱中的"3D对象旋转工具"按钮，对文字进行移动变换并旋转到适当的位置。

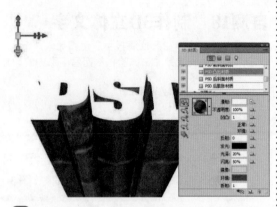

05 执行"窗口>3D"命令，打开"3D{材质}"面板，对相关参数进行设置。

06 选择"PSD凸出材质"复选框，单击"编辑漫射纹理"按钮 [🖼.]，选择"载入纹理"选项，选择并载入"光盘\源文件\第3章\素材\306.jpg"。

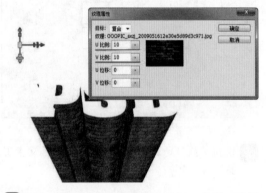

07 再次单击"编辑漫射纹理"按钮，选择"编辑属性"选项，弹出"纹理属性"对话框，对相关参数进行设置。

08 选择"PSD前膨胀材质"复选框，选择并载入"光盘\源文件\第3章\素材\307.jpg"。使用相同的方法，完成相似效果的制作。

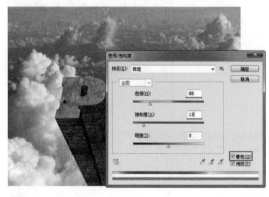

09 打开并拖入素材图像"光盘\源文件\第3章\素材\308.jpg"，调整图像到合适的大小和位置，并调整图层顺序。

10 选择"图层1"，按快捷键Ctrl+U，弹出"色相/饱和度"对话框，对相关参数进行设置。

11 新建"图层2",设置"前景色"为白色,然后使用"画笔工具"在画布上绘制云彩效果,并设置"图层2"的"不透明度"为50%。

12 复制"PSD"图层得到"PSD副本"图层。新建"图层3",将"图层3"和"PSD副本"图层合并。

13 选择"图层3",按快捷键Ctrl+U,弹出"色相/饱和度"对话框,对相关参数进行设置。

14 使用"加深工具"和"减淡工具"调整阴影和高光,对图中用蓝色线条勾选的部分使用"减淡工具",红色勾选部分使用"加深工具"。

15 按快捷键Ctrl+L,弹出"色阶"对话框,对相关参数进行设置。

16 选择"图层1",按快捷键Ctrl+B,弹出"色彩平衡"对话框,对相关参数进行设置。

17 完成3D立体文字效果的制作，得到最终效果。

操作小贴士：

　　本案例在Photoshop中运用了3D功能来对文字进行3D旋转操作，选择工具箱中的"3D对象旋转工具"按钮  后，上下拖动可将模型围绕其X轴旋转，向两侧拖动可将模型围绕其Y轴旋转，在按住Alt键的同时进行拖移可滚动模型，再通过突出材质和前膨胀材质加强文字的真实感。Photoshop 材质最多可使用9种不同的纹理映射来定义其整体外观。

自测19　制作个性质感裂纹文字

　　本实例制作个性质感裂纹文字，通过使用Photoshop中的滤镜和图层样式，制作出的文字效果具有很强的立体感，文字的裂纹效果很深，较具有视觉冲击力。此文字特效可应用于海报设计作品中，以充分突出海报设计内容的主题。

请打开源图片

　　　视频地址：光盘\视频\第3章\制作个性质感裂纹文字.swf
　　　源文件地址：光盘\源文件\第3章\制作个性质感裂纹文字.psd

01 执行"文件>新建"命令，在弹出的"新建"对话框中进行相应的设置。

02 打开并拖入素材"光盘\源文件\第3章\素材\309.jpg"，并调整到合适的位置。

03 选择"横排文字工具"，在"字符"面板中进行设置，然后在画布中输入文字。

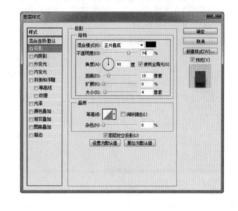

04 为文字图层添加"投影"图层样式，并对相关参数进行设置。

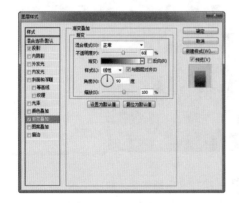

05 在"图层样式"对话框中选择"渐变叠加"复选框，并对相关参数进行设置。

06 完成"图层样式"对话框的设置，可以看到文字的效果。

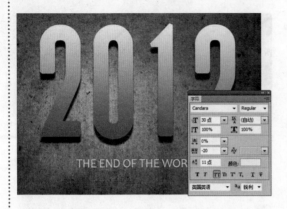

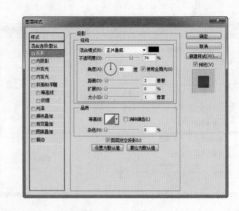

07 选择"横排文字工具",在"字符"面板中进行设置,然后在画布中输入文字。

08 为文字图层添加"投影"图层样式,并对相关参数进行设置。

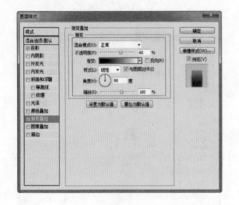

09 在"图层样式"对话框中选择"渐变叠加"复选框,并对相关参数进行设置。

10 完成"图层样式"对话框的设置后,可以看到文字效果。

11 在画布上输入其他文字,并为文字图层添加相应的图层样式。

12 将2012文字栅格化,执行"滤镜>杂色>添加杂色"命令,在弹出的对话框中对相关参数进行设置。使用相同的方法,为其他文字应用"添加杂色"滤镜。

13 选择"2012"图层，按快捷键Ctrl+J复制图层，并调整图层的顺序，然后载入图层选区，填充为黑色。

14 按键盘上的向下方向键，将"2012副本"图层向下移动一些。

15 选择"2012副本"图层，执行"滤镜>模糊>径向模糊"命令，在弹出的对话框中对相关参数进行设置。

16 使用相同的方法，完成其他文字效果的制作。

17 打开并拖入素材"光盘\源文件\第3章\素材\310.jpg"，将其放在文字上方，并调整到合适的位置。

18 按快捷键Ctrl+Alt+G创建剪贴蒙版，并设置该图层的"混合模式"为"叠加"。

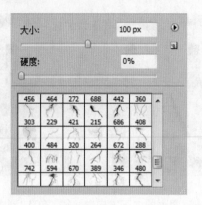

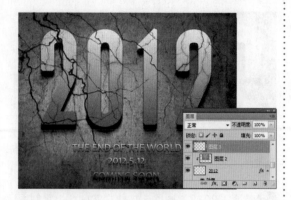

19 选择"画笔工具",打开"画笔预设"选取器,单击▶按钮,载入"光盘\源文件\第3章\素材\裂缝.abr"。

20 在"图层2"上方新建"图层3",设置"前景色"为黑色,然后选择合适的画笔,在画布中绘制裂纹。

21 按快捷键Ctrl+Alt+G创建剪贴蒙版。

22 在"图层1"上新建"图层4",然后使用"画笔工具"在背景上添加裂纹效果。

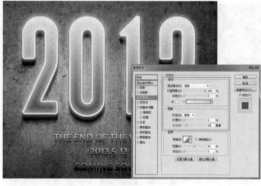

23 载入"2012"图层选区,新建"图层5",执行"编辑>描边"命令,在弹出的对话框中对相关参数进行设置。

24 为"图层5"添加"外发光"图层样式,并对相关参数进行设置。

25 为"图层5"添加图层蒙版，设置"前景色"为黑色，然后使用"画笔工具"在图层蒙版上进行涂抹操作。

26 新建"图层6"，填充为黑色。执行"滤镜>渲染>镜头光晕"命令，在弹出的对话框中对相关参数进行设置。

27 完成个性质感裂纹文字效果的制作，得到最终效果。

> **操作小贴士：**
>
> "叠加"图层混合模式是对颜色进行正片叠底或过滤，具体取决于基色。图案或颜色在现有像素上叠加，同时保留基色（原图像）的明暗对比，混合后图像的色调发生变化，但图像的高光和暗调将被保留。

自测20 制作立体变形文字

立体文字特效在平面设计中的应用十分广泛，它不仅美观而且醒目，为设计作品起到了突出主题的作用。使用Photoshop制作具有很强质感和立体感的文字特效，关键在于对渐变、高光和透视的处理。本实例将带领读者完成一个立体变形文字效果的制作。

> **请打开源图片**
>
> 视频地址：光盘\视频\第3章\制作立体变形文字.swf
>
> 源文件地址：光盘\源文件\第3章\制作立体变形文字.psd

01 执行"文件>新建"命令，在弹出的"新建"
对话框中进行相应的设置。

02 选择"渐变工具"，打开"渐变编辑器"对话
框，设置渐变颜色，在画布中填充径向渐变。

03 选择"横排文字工具"，在"字符"面板中对
相关参数进行设置，然后在画布中输入文字。

04 在"字符"面板中对文字进行相关设置后，可
以看到文字效果。

05 新建"图层1"，设置"前景色"为白色，使
用"矩形工具"在画布中绘制矩形。

06 使用相同的方法，完成相似图形的绘制。

07 合并"背景"图层以外的所有图层，得到"图层7"。

08 载入"图层7"选区，使用"渐变工具"设置渐变颜色，在选区中填充线性渐变。

09 执行"编辑>变换>透视"命令，对文字进行透视变形处理。

10 新建"组1"，并在"组1"中新建"图层1"，然后使用"钢笔工具"勾出文字的立体面轮廓。

11 调整图层顺序，按快捷键Ctrl+Enter将路径转换为选区，并填充为黑色。

12 新建"图层2"，按快捷键Ctrl+Alt+G创建剪贴蒙版，然后在该图层下方新建"图层3"，使用"钢笔工具"绘制路径。

13 按快捷键Ctrl+Enter将路径转换为选区，对选区进行羽化操作，并填充颜色为RGB（190，59，13）。

14 新建"图层4"，使用"钢笔工具"在画布中绘制路径，然后将路径转换为选区，并填充颜色为RGB（189，58，12）。

15 新建"图层5"，使用"钢笔工具"在画布中绘制路径。将其转换为选区，设置羽化值，并填充颜色为RGB（252，150，65）。

16 新建"图层6"，使用相同的方法，完成相似图形的绘制。

17 新建"图层7",使用"钢笔工具"在画布中绘制路径。将其转换为选区,设置羽化值,并填充为黑色。

18 新建"图层8",使用相同的方法,在画布中绘制选区,并填充颜色为RGB(169,51,11)。

19 新建"图层9",在画布中绘制选区,并填充颜色为RGB(204,76,11),然后在选区内使用"画笔工具"为文字边缘绘制高光。

20 新建"图层10",在画布中绘制选区,对其进行羽化操作,并填充为白色。

21 使用相同的方法,完成相似图形的绘制。

22 新建"图层45",使用"钢笔工具"在画布中绘制路径。

23 按快捷键Ctrl+Enter将路径转换为选区，并填充为黑色。

24 新建"图层46"，按快捷键Ctrl+Alt+G创建剪贴蒙版，并在当前图层下方新建"图层47"。

25 载入"图层45"选区，选择"渐变工具"，打开"渐变编辑器"对话框，设置渐变颜色，填充线性渐变。

26 使用相同的方法，完成相似图形的绘制。

27 新建图层，设置"前景色"为黑色，使用"钢笔工具"在画布中绘制路径。

28 选择"画笔工具"，设置笔触大小，然后单击"路径"面板上的"用画笔描边路径"按钮 。

29 使用相同的方法，完成相似图形的绘制。

30 载入"图层7"选区，并新建图层，执行"编辑>描边"命令，在弹出的对话框中对相关参数进行设置。

31 使用"橡皮擦工具"把不需要添加高光的部分擦除。

32 执行"图像>调整>亮度/对比度"命令，在弹出的对话框中对相关参数进行设置。

33 新建图层，设置"前景色"为白色。选择"画笔工具"，打开"画笔"面板，对相关参数进行设置。

34 使用相同的方法，完成相似图形的绘制。

35 在"背景"图层上方新建图层，使用"椭圆选框工具"在画布中绘制选区，然后选择"渐变工具"，设置渐变颜色，在选区中填充线性渐变。

36 按快捷键Ctrl+T调出变换框，在选项栏上对相关参数进行设置。

③⑦ 按快捷键Ctrl+Alt+Shift+T，对图形进行多次　　　③⑧ 完成立体变形文字效果的制作，得到最终效
旋转复制。　　　　　　　　　　　　　　　　　　　　果。

操作小贴士：

　　在Photoshop中，文本在输入结束后，通常不会以尽如人意的效果来显示，所以我们要通过"字符"面板中相关属性的设置，对其进行更多、更复杂的调整。本案例主要用到了"字符"面板中的"基线偏移"属性对其进行调整。

　　基线偏移，可以使字符根据设置的参数上下移动。在"字符"面板的"基线偏移"文本框中输入数值，正值可使文字向上移动，负值可使文字向下移动，类似于Word软件中的上标和下标。

自我评价

　　通过以上几个不同类型的字体设计练习，你是不是感觉字体的设计制作并没有想象中那么难了，熟悉了之后，以后无论是在生活中还是在工作中，你都可以自己亲手设计制作自己喜欢的字体了。

总结扩展

　　在上面的几个案例中主要介绍了几种不同类型字体的设计和制作方法，在设计制作过程中，主要使用了文字工具、图层混合模式、钢笔工具、3D功能、滤镜等命令，具体要求如下表：

	了解	理解	精通
3D		√	
文字工具			√
钢笔工具			√
图层蒙版		√	
渐变工具			√
滤镜的运用		√	
图层混合模式			√

　　字体设计是宣传产品或活动的主体内容，以简单易懂的方式使受众对产品有最基本的了解。本章主要介绍了字体设计制作的相关知识和制作步骤，完成本章的学习后，大家要能够熟练地掌握各种字体的设计制作，理解字体的设计思路和表现手法。在今后，通过大量的实例练习，可以逐步提高你在字体设计方面的水平。在接下来的一章中，我们将学习有关平面广告的设计，准备好了吗？让我们一起出发吧！

第**4**章

宣传之道

——平面广告设计

本章是学习的第10个小时，通过前面几个小时的学习，我们了解了有关字体设计的知识，相信读者已经对字体设计不那样陌生了！本章我们将和读者一起来学习平面广告设计与Photoshop中相关知识点的应用，通过本章的学习，我们将对平面广告设计的基本知识、构图技巧和相关的表现方式有更深入的了解。

通过学习本章的内容，你可以自己动手设计精美的平面广告作品了。好，让我们开始本章的学习吧。

学习目的	掌握不同类型平面广告的设计方法
知识点	图层蒙版、渐变、图像调整
学习时间	4小时

 ## 精美的平面广告作品是怎样做出来的

平面广告设计是以平面形态出现的视觉类广告设计，具有很高的吸引力，每一幅平面广告设计作品都是一件高级的艺术品。平面广告不仅是一种信息传递艺术，而且是一种大众化的宣传工具，它以多种多样的表现形式出现在我们的生活中，例如下面的几幅作品。这些平面广告设计作品是如何做出来的呢？会很难吗？今天我们就一起来学习平面广告的设计制作。要想设计出好的平面广告作品，不了解相关的平面广告设计基础是不行的，接下来我们用两个小时的时间学习一下与平面广告设计相关的知识。

精美的平面广告设计作品

什么是平面广告设计

平面广告设计属于视觉类广告设计。其中，印刷类有报纸广告、杂志广告、招贴海

平面广告设计中版式设计的目的

平面广告设计中版式设计的目的就是对各类主题内容

平面广告的构成要素

包括标题（主标、副标）、说明文（正文）、标语（口号）、企业名称（广告主

报、商品样本、挂历广告、邮寄广告、包装纸等形式；非印刷类有路牌、民墙、车身、灯箱广告等形式。

的版面格式进行艺术化或秩序化的编排和处理，以提高版面的视觉冲击力，加强广告对消费者的诱导力量。有力且正确的传达方向能抓住消费者的注意力，给消费者留下深刻的印象。

的全名、地址、电话等）、商标（标志）、商品名（商标文字）、插图（画面）及其他（如价格等）。

第10个小时

本小时我们将向读者介绍有关平面广告类别的相关知识，通过该知识点的学习，相信你会对平面广告方面的知识有更多的了解，接下来让我们一起来学习吧！

▲ *4.1* 平面广告的分类

平面广告的分类，主要是为了适应广告策划的需要，按照不同的目的与要求将广告划分为不同类型。因为只有分类合理、准确，才能为广告策划提供基础，才能为广告设计和制作提供依据，使整个广告活动正常运转，从而实现广告目标并最终取得最佳广告效益。

平面广告可以按照不同的区分标准进行分类，例如按广告的目的、对象、广告地区、广告媒介、广告诉求方式、广告产生效益的快慢、商品生命周期的不同阶段等来划分。广告的分类，可以按照不同的标准划分为多种类型，随着生产和商品流通的不断发展，广告种类越分越细，下面从不同角度对广告的种类进行划分。

1. 按广告的最终目的划分

从广告的最终目的划分广告，可以把广告划分为两大类：商业广告和非商业广告。商业广告又称盈利性广告或经济广告，该类广告的目的是通过宣传、推销商品或劳务取得利润，如图4-1所示。非商业广告又称非盈利性广告，一般是指具有非盈利目的并通过一定的媒介所发布的广告，如图4-2所示。

图4-1　商业海报　　　　　　　　　　　图4-2　非商业海报

2. 按广告的诉求对象划分

商品的消费、流通各有其不同的主体对象，这些主体对象就是消费者、工业厂商、批发商，以及能直接对消费习惯施加影响的社会专业人士或职业团体。不同的主体对象所处的地位不同，其购买目的、购买习惯和消费方式等也有所不同。广告活动必须根据不同的对象实施不同的诉求，因此可以按商业广告的诉求对象对广告进行分类，例如消费者广告、工业用户广告、商业批发广告、媒介性广告。

3. 按广告的诉求目的划分

经济广告的最终目的都是为了推销商品，取得利润，以发展企业所从事的事业。但其直接目的有时是不同的，也就是说，达到其最终目的的手段具有不同的形式。以这种手段的不同来区分商业广告，又可以把其分为3类：商品销售广告、企业形象广告、企业观念广告，如图4-3所示。

（商品销售广告）　　　　　（企业形象广告）　　　　　（企业观念广告）

图4-3　按广告的诉求目的划分广告

4. 按广告的诉求地区划分

由于广告所选用的媒体不同，广告影响的范围不同，因此，按广告传播的地区又可以将广告分为全球性广告、全国性广告、区域性广告和地区性广告。

5. 按不同媒体的广告划分

按照广告所选用的媒体，可以把广告分为报纸广告、杂志广告、印刷广告、广播广告、电视广告及网络广告。此外，还有邮寄广告、招贴广告、路牌广告等形式。广告可采取一种形式，亦可多种并用，各广告形式是相互补充的关系。

6. 按广告的诉求方式划分

按照广告的诉求方式来分类，是指广告借用什么样的表达方式来引起消费者的购买欲望并采取购买行动的一种分类方法。它可以分为理性诉求广告与感性诉求广告两大类。

7. 按广告产生效益的快慢划分

是指广告发布后是引起顾客马上购买还是持久性购买的一种广告分类方法。它可以分为速效性广告与迟效性广告两大类。

8. 按商品生命周期的不同阶段划分

按照商品生命周期的阶段分类，广告可以分为开拓期广告、竞争期广告和维持期广告3种。

▲ *4.2*　平面广告构图的特征

构图就是解决形与空间的关系。广告构图以引导消费者的视线、提高自身价值为主要目的，构图应具备新颖性、合理性、统一性。

➤ 构图的新颖性

敢于打破陈规旧律，善于在别人司空见惯的东西上发现美的东西。

➤ 构图的合理性

指对形象之间的主次关系、黑白关系、色彩关系等均应做到妥善安排，要做到内容安排条理化、逻辑关系合理化、宣传说明合理化、服务对象理解化。

➤ 构图的统一性

尽可能保持画面的完整，提高美感和注意度。

 设计校园歌唱大赛海报.swf

 设计校园歌唱大赛海报.psd

 设计通信DM宣传页.swf

 设计通信DM宣传页.psd

自我检测

　　通过对平面广告类别和构图技巧知识点的学习，相信你对平面广告的了解更加深入了！你可以利用所学到的知识在生活或工作中不断地练习实例，来学习构图技巧与制作方法。下面开始理论联系实际，让我们一起来制作精美的平面广告作品！接下来给出两个案例，你可以先预览一下，考查一下自己是不是可以设计出这样的作品。

自测21　设计校园歌唱大赛海报

本实例设计一幅校园歌唱大赛海报，整幅海报构图简单，以蓝色为主色调，色彩鲜明，十分醒目，宣传的内容有具体的时间、地点、主办单位，其宣传目的是为了扩大活动的影响力，吸引更多的参与者，所以海报设计不仅要求信息的传达准确、完整，而且要更具审美功能。

请打开源图片

> 视频地址：光盘\视频\第4章\设计校园歌唱大赛海报.swf
>
> 源文件地址：光盘\源文件\第4章\设计校园歌唱大赛海报.psd

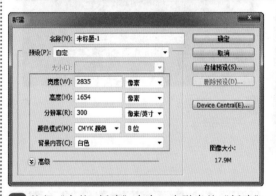

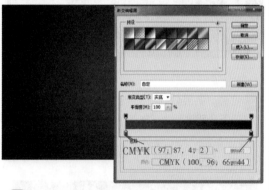

01 执行"文件>新建"命令，在弹出的"新建"对话框中进行相应的设置。

02 新建"图层1"，选择"渐变工具"，打开"渐变编辑器"对话框，设置渐变颜色，然后在画布中填充径向渐变。

03 打开并拖入素材"光盘\源文件\第4章\素材\401.tif"，并设置"图层2"的"混合模式"为"线性光"。

04 打开素材"光盘\源文件\第4章\素材\402.tif"，执行"编辑>自定义图案"命令，弹出"图案名称"对话框，对相关参数进行设置。

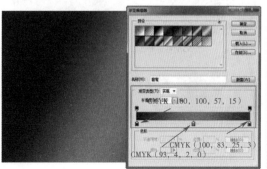

05 新建"图层3",执行"编辑>填充"命令,在弹出的"填充"对话框中对相关参数进行设置。

06 新建"图层4",选择"渐变工具",打开"渐变编辑器"对话框,设置渐变颜色,在画布中填充线性渐变。

07 设置"图层4"的"混合模式"为"叠加"、"不透明度"为"80%"。

08 新建"图层5",使用"钢笔工具"在画布中绘制路径。

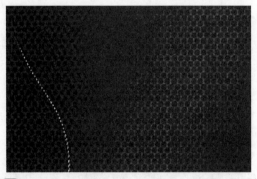

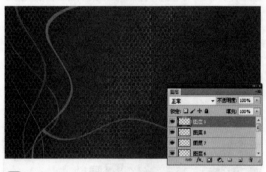

09 将路径转换为选区,并填充颜色为CMYK(13,68,89,0)。

10 使用相同的方法,完成相似图形的绘制。

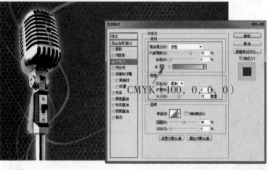

11 打开并拖入素材"光盘\源文件\第4章\素材\403.tif"。

12 为"图层10"添加"外发光"图层样式,并对相关参数进行设置。

13　使用相同的方法，拖入相应素材，并添加"外发光"图层样式。

14　选择"横排文字工具"，在"字符"面板中对参数进行设置，然后在画布中输入文字。

15　设置"前景色"为白色，使用"自定形状工具"，选择合适的形状，在画布中进行绘制。

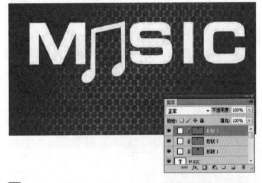

16　选择"钢笔工具"，在选项栏上单击"形状图层"按钮，然后在画布中进行绘制。

17　合并形状图层，得到"形状3"图层，然后执行"编辑>变换>垂直翻转"命令，再对其执行"水平翻转"命令。

18　将"形状3"图层与文字图层合并，得到"形状3"图层。

19 载入"形状3"图层选区，新建"图层12"。选择"渐变工具"，设置渐变颜色，在选区中填充线性渐变。

20 新建"图层13"，使用"钢笔工具"在画布中绘制路径，并将其转换为选区，然后填充颜色为CMYK（100，21，0，0）。

21 载入"图层12"选区，按快捷键Ctrl+Shift+I反向选择选区，然后按Delete键，将选区中的图像删除。

22 合并"形状3"至"图层13"，得到"图层13"然后使用"横排文字工具"在画布中输入文字。

23 为文字图层添加"投影"图层样式，并对相关参数进行设置。

24 使用相同的方法，在画布中输入文字。

25 栅格化文字图层，使用"矩形选框工具"在画布中绘制选区，然后按Delete键删除。

26 新建"图层14"，使用"钢笔工具"在画布中绘制路径。

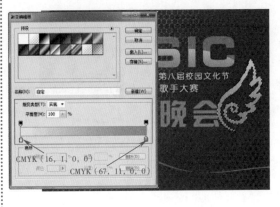

27 将路径转换为选区，选择"渐变工具"，设置渐变颜色，填充线性渐变。

28 调整文字图层至最上方，合并"图层13"至"图层14"得到"图层14"。

29 载入"图层14"选区，在当前图层下方新建"图层15"，然后执行"编辑>描边"命令，在弹出的"描边"地话框中对相关参数进行设置。

30 为"图层15"添加"外发光"图层样式，并对相关参数进行设置。

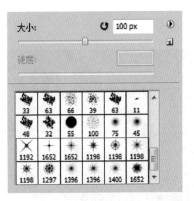

31 设置"前景色"为CMYK（100，96，13，0），使用"画笔工具"在相应的位置进行涂抹，并设置"不透明度"为80%。

32 选择"画笔工具"，打开"画笔预设"选取器，载入外部画笔"光盘\源文件\第4章\素材\光点.abr"。

33 在文字图层上方新建"图层16"，设置"前景色"为白色，选择合适的画笔，在画布中进行绘制。

34 使用相同的方法，绘制相似的图形效果。

35 新建"图层19"，设置"前景色"为CMYK（100，52，11，1），使用"圆角矩形工具"在画布中绘制一个圆角矩形。

36 使用"横排文字工具"在画布中输入文字。

37 调整图层顺序，载入文字图层选区，然后按Delete键删除。

38 隐藏文字图层，选择"图层19"，执行"编辑>变换>斜切"命令，对图像进行斜切操作。

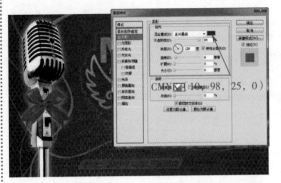 

39 为"图层19"添加"投影"图层样式，并对相关参数进行设置，然后设置该图层的"不透明度"为80%。

40 使用相同的方法，完成相似内容的制作。

41 完成校园歌唱大赛海报的设计制作，得到最终效果。

操作小贴士：

　　"线性光"混合模式：如果当前图层中的像素比50%灰色亮，则通过增加亮度的方式使图像变亮；如果当前图层中的像素比50%灰色暗，则通过减小亮度的方式使图像变暗。与"强光"模式相比，"线性光"可以使图像产生更高的对比度。

　　"叠加"混合模式：设置该图层混合模式后，图像色调将发生变化，但图像的高光和暗调将被保留。

自测22　设计通信DM宣传页

　　本实例设计制作一个通信DM宣传页，首先通过"龟裂纹"和"浮雕"滤镜制作出背景的纹理效果，再通过素材图像与图形的结合，突出表现该DM宣传页的主题内容，并对主题文字进行变形处理，表现出动感效果。在本实例的制作过程中，读者需要注意学习该DM宣传页的表现方法以及构图方式。

请打开源图片

视频地址：光盘\视频\第4章\设计通信DM宣传页.swf

源文件地址：光盘\源文件\第4章\设计通信DM宣传页.psd

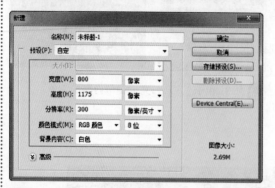 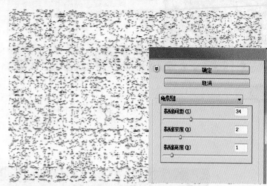

01 执行"文件>新建"命令，在弹出的"新建"对话框中进行相应的设置。

02 新建"图层1"，填充为白色。执行"滤镜>纹理>龟裂缝"命令，在弹出的"龟裂缝"对话框中对相关参数进行设置，并多次应用该滤镜。

03 执行"滤镜>风格化>浮雕效果"命令，对相关参数进行设置，然后多次执行该操作，设置该图层的"填充"为17%。

04 打开并拖入素材"光盘\源文件\第4章\素材\405.tif"，将其调整到合适的位置。

05 使用相同的方法，拖入素材，并设置该图层的"混合模式"为"颜色加深"。

06 同理，拖入素材图像，并设置该图层的"混合模式"为"正片叠底"。

07 新建"图层5",使用"钢笔工具"在画布中绘制路径。

08 按快捷键Ctrl+Enter将路径转换为选区,并填充为黑色。

09 载入"图层5"选区,新建"图层6",填充颜色为RGB(0,160,233),并调整图像的位置。

10 选择"横排文字工具",在"字符"面板中对相关参数进行设置,然后在画布中输入文字。

11 按快捷键Ctrl+T调出变换框,对文字进行适当的旋转操作。

12 复制文字图层,设置字体的颜色为白色,并将其调整到合适的位置。

13 使用相同的方法，完成其他文字效果的制作。

14 打开并拖入素材"光盘\源文件\第4章\素材\408.tif"，并调整到合适的位置。

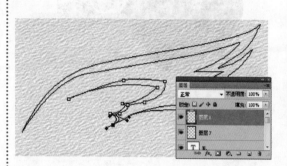

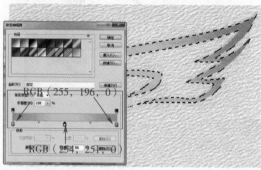

15 新建"图层8"，使用"钢笔工具"在画布中绘制路径。

16 将路径转换为选区，选择"渐变工具"，设置渐变颜色，在选区中填充线性渐变。

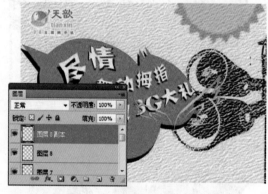

17 按快捷键Ctrl+T调出变换框，将其调整到合适的大小和位置。

18 复制"图层8"，得到"图层8副本"图层，执行"编辑>变换>水平翻转"命令，并将其调整到合适的大小和位置。

19 选择"横排文字工具"，在"字符"面板中进行参数设置，然后在画布中输入文字。

20 设置相应的字体颜色，然后为该图层添加"描边"图层样式，并对相关参数进行设置。

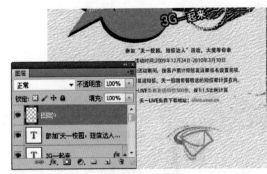

21 使用相同的方法，在画布中输入相应的文字。

22 打开并拖入素材"光盘\源文件\第4章\素材\409.tif"，将其调整到合适的位置。

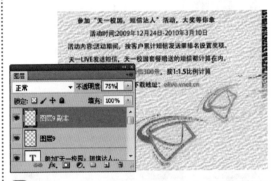

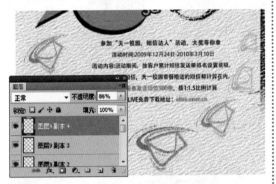

23 复制"图层9"得到"图层9副本"，将其调整到合适位置和大小，并设置"不透明度"为75%。

24 使用相同的方法，完成相似图像效果的制作。

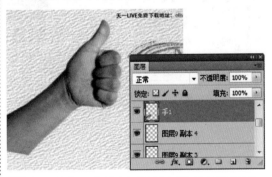

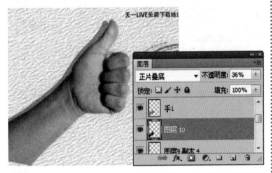

25 打开并拖入素材"光盘\源文件\第4章\素材\410.tif"，并调整到合适的位置。

26 载入该图层选区，在该图层下方新建"图层10"，为选区填充黑色，然后对图层进行设置，并将其移到合适的位置。

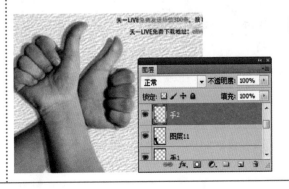

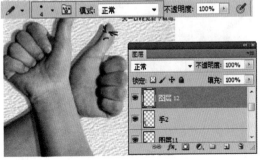

27 使用相同的方法，完成相似图像的制作。

28 新建"图层12"，使用"铅笔工具"在画布中进行绘制。

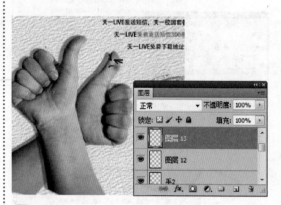 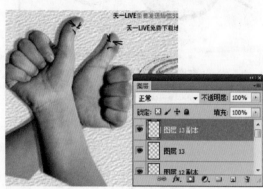

29 新建"图层13"，设置"前景色"为RGB（247，117，180），使用"画笔工具"在画布中进行绘制。

30 使用相同的方法，完成相似内容的制作。

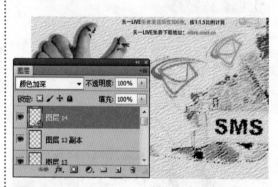 

31 打开并拖入素材"光盘\源文件\第4章\素材\412.tif"，将其调整到合适的位置，并对图层进行相应设置。

32 再次拖入素材，将其调整到合适的位置，并对图层进行相应设置。

33 新建"图层16"，设置"前景色"为白色，然后使用"矩形工具"在画布中进行绘制。

34 使用相同的方法，完成相似图像的绘制。

㉟ 使用"横排文字工具"在画布中输入文字。

㊱ 完成通信DM宣传页的设计制作，得到最终效果。

操作小贴士：

"龟裂缝"滤镜以随机方式在图像中生成龟裂纹理并产生浮雕效果，使用该滤镜可以对包含多种颜色值或灰色值的图像创建浮雕效果。

● 裂缝间距：用来设置图像中所生成裂缝的间距，该值越小，裂缝越细密。

● 裂缝深度和裂缝亮度：用来设置裂缝的深度和亮度。

第11个小时

在平面广告的设计过程中经常会用到相关的专业术语，本小时将向读者介绍有关这方面的知识。对本知识点进行学习，将有利于读者今后的工作和学习。

▲ 4.3 平面视觉设计的常用术语

设计过程是指平面广告设计师选择和配置广告美术元素的过程。设计的重点是选择特定的美术元素，并以其独特的方式对它们加以组合，然后呈现具体的想法，产生形象的表现方式。因此，与其他行业不同，平面广告设计制作经常需要用到一些专业的术语。

➤ 布局图

布局图是指对一条广告所组成部分的整体安排，包括图像、标题、副标题、正文、口号、印签、标志和签名等。布局图的作用如下：

布局图有助于广告公司和广告主预先制作并测评广告的最终形象和感觉，为广告主提供修正、更改、评判和认可的有形依据。

布局图有助于创意小组设计广告的心理成分，即非文字和符号元素。广告主不仅希望广告给自己"唤"来客流，还希望广告为自己的产品树立某种个性，在目标受众的心中留下不可磨灭的印象，为品牌增添价值。要做到这一点，广告必须明确地表现出某种形象或氛围，反映或强调广告主及其产品的优点。

➤ 小样

小样是用来具体表现布局方式的大致效果图。小样的幅面一般很小（大约为3×4英寸），省略了细节，比较粗糙，是最基本的东西。比如用直线或水波纹表示正文的位置，用方框表示图形的位置。

➤ 大样

在大样中，画出实际大小的广告，提出候选标题和副标题的最终字样，安排插图或照片，并用横线表示正文。广告公司可以向客户提交大样，征求客户的意见。

➤ 末稿

末稿的制作已经非常精细，和成品基本一样。末稿内容一般都很详尽，有彩色照片、确定好的字体风格、大小和配合用的小图像，再加上一张光喷纸封套。现在，末稿的文案排版以及图像元素的搭配都由计算机来执行，打印出来的广告同四色清样并无太多差别。至这一阶段，所有的图像元素都应该最后落实。

➤ 版面组合

交给出版社的末稿必须把字样和图像都放置在准确的位置上。现在，大部分设计人员都采用计算机来完成这一部分工作，完全不需要拼版这道工序。但有些广告主仍保留着传统的版面组合方式，在一张空白版（又称拼版）上按各自应处的位置标出黑色字体和美术元素，再用一张透明纸覆盖在上面，标出颜色的色调和位置。由于印刷厂在着手印制之前要用一部大型制版照相机对拼版进行照相，设定广告的基本色调，制作印制件和胶片，因此，印刷厂常把拼版称为照相制版。

➤ 认可

设计师设计的作品始终面临着认可这个问题。广告公司越大，或客户越大，这个问题越复杂。一个新的广告概念首先要经过广告公司创意总监的认可，然后交由客户部审核，再交由客户方的产品经理和营销人员审核，他们有时会改动一两个字，有时会推翻整个表现方式。双方的法律部再对文字和美术元素进行严格审查，以免违法、违规等问题发生，最后，企业的高层主管对选定的概念和正文进行审核。

在认可中面对的最大困难是如何避免让决策人打破广告原有的风格。创意小组花费了大量心血才找到的满意的题材和广告风格，有可能被广告主否定或修改，此时要保持原有的风格相当困难。这时需要耐心、灵活以及明确有力地表达重要观点，解释设计人员所选择方案的理由。

➤ 和谐

从狭义上理解，和谐的平面设计是统一与对比的有机结合，而不是乏味单调或杂乱无章。从广义上理解，是在判断两种以上的要素或部分与部分的相互关系时，各部分体现的一种整体协调的关系。

➤ 平衡

在平面设计中指的是图像的形状、大小、轻重、色彩和材质的分布情况与视觉判断上的平衡。

➤ 比例

比例是构成设计中一切单位大小以及各单位间编排组合的重要因素。比例是指部分与部分，或部分与全体之间的数量关系。

➤ 对比

对比又称对照，把质或量反差很大的两个要素成功地排列在一起，会使人感觉鲜明强烈且具有统一感，从而使主体更加鲜明、气氛更加活泼。

➤ 对称

假定在一个图形的中央设定一条垂直线，将图形分为相等的左右两个部分，其左右两个部分的图形完全重合，这个图形就是对称图。

➤ 重心

一般来说，画面的中心点就是视觉的重心点，画面图像轮廓的变化、图形的聚散、色彩或明暗的分布都可对视觉中心产生影响。

➤ 节奏

节奏具有时间感，在平面广告设计中，节奏指构图设计上以同一要素连续重复时所产生的运动感。

➤ 韵律

在平面构成中单纯的单元组合重复显得单调，如果由有规律变化的形象或色群间以数比、等比处理等方式排列，可以使之产生音乐的旋律感，成为韵律。

▲ *4.4* 海报设计的分类

海报也称招贴，是一种在公共场所内以张贴或散发为形式的印刷品广告，海报具有发布时间短、时效强、印刷精美、成本低廉、视觉冲击力强、对发布环境要求低等特点。海报设计内容要求真实准确、语言生动，并有吸引力，图文组合要和谐且突出重点。以海报的设计风格不同可以将海报定义为4种：商业宣传海报、活动宣传海报、影视宣传海报和公益海报。

　　➤ 商业宣传海报

　　商品宣传海报是最常见的海报形式，其宣传对象为某种商品或某种服务，宣传目的是在短期内迅速提高产品的销售量，以创造良好的经济效益，如图4-4所示。

图4-4　商业宣传海报

　　➤ 活动宣传海报

　　活动宣传海报的宣传对象为有具体的时间、地点、主办单位的文化或商业活动，其宣传目的是扩大活动的影响力，吸引更多的参与者，要求信息的传达准确、完整，如图4-5所示。

图4-5　活动宣传海报

　　➤ 影视宣传海报

　　影视宣传海报的宣传对象为电影、电视剧等，海报的发布时间在影视作品发布前或发布过程中，其宣传目的为扩大影视作品的影响力。海报内容通常为影视作品的主要角色或重要情节，海报色彩的运用与影视作品的感情基调有直接联系，如图4-6所示。

图4-6　影视宣传海报

➤ 公益海报

公益海报的宣传内容为人们所关注的社会问题，其宣传目的为教育与警示观众，引起人们对这些社会问题的关注，如图4-7所示。

图4-7 公益海报

设计食品广告.swf

设计食品广告.psd

了解了平面广告设计的相关知识，并且学习了有关平面广告设计常用术语的知识后，我们基本上可以应用所学到的平面广告设计知识开始设计制作平面广告作品了。下面就开始付诸于行动，大家一起动手，练习各种类型的平面广告的设计。对于接下来给出的1个案例，你可以先预览一下，考查一下自己是不是可以设计出这样的作品。

自测23　设计食品广告

　　本案例设计制作一个食品广告，背景色以黄色渐变色为主色调，通过与食品、礼物元素的组合、字体的设计，构成了一幅简单大方、内容新颖的食品广告，不仅可以表现出食品的美味健康，而且更加吸引消费者的注意力。

请打开源图片

　　📷视频地址：光盘\视频\第4章\设计食品广告.swf

　　🎬源文件地址：光盘\源文件\第4章\设计食品广告.psd

01　执行"文件>新建"命令，在弹出的"新建"对话框中进行相应的设置。

02　执行"视图>标尺"命令，显示文档标尺，在画布中拖出参考线，定位四边的出血区域。

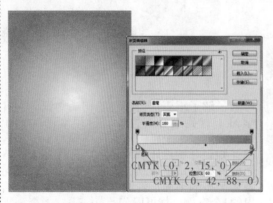

03　新建"图层1"，选择"渐变工具"，打开"渐变编辑器"对话框，设置渐变颜色，在画布中填充径向渐变。

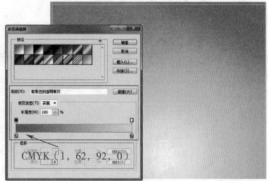

04　新建"图层2"，使用相同的方法，在画布中填充线性渐变。

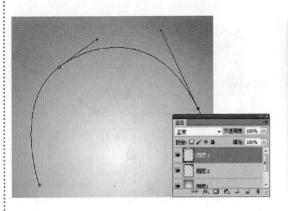

05 新建"图层3"，设置"前景色"为CMYK（1，6，56，0），然后使用"钢笔工具"在画布中绘制路径。

06 选择"画笔工具"，设置笔触大小，然后单击"路径"面板上的"用画笔描边路径"按钮。

07 打开并拖入素材"光盘\源文件\第4章\素材\413.tif"，并调整到合适的位置。

08 使用相同的方法，拖入其他的素材图像。

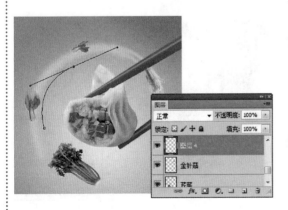

09 新建"图层4"，使用"钢笔工具"在画布中绘制路径。

10 选择"画笔工具"，设置笔触大小，然后单击"路径"面板上的"用画笔描边路径"按钮。

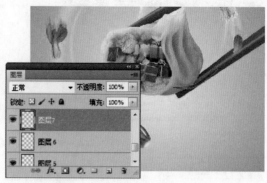

⑪ 使用相同的方法，完成相似图形的绘制。

⑫ 新建"图层7"，使用"钢笔工具"在画布中绘制路径。

⑬ 将路径转换为选区，然后选择"渐变工具"，打开"渐变编辑器"对话框，设置渐变颜色，在选区中填充线性渐变。

⑭ 使用相同的方法，完成相似内容的制作。

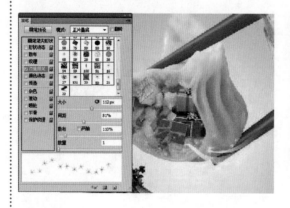

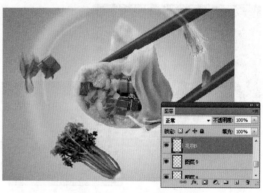

⑮ 新建"图层9"，选择"画笔工具"，打开"画笔"面板对相关参数进行设置，然后在画布中进行绘制。

⑯ 打开并拖入素材"光盘\源文件\第4章\素材\424.tif"，将其调整到合适的位置。

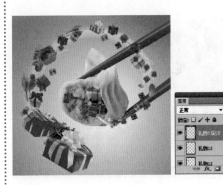

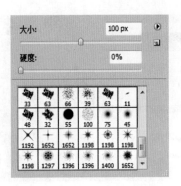

17 拖入其他素材，并调整其位置和大小。

18 选择"画笔工具"，打开"画笔预设"选取器，载入外部画笔"光盘\源文件\第4章\素材\光点.abr"。

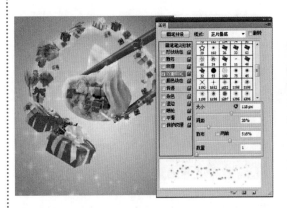

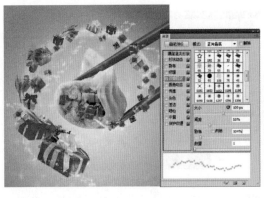

19 新建"图层10"，设置"前景色"为白色，然后选择"画笔工具"，打开"画笔"面板对相关参数进行设置，并在画布中进行绘制。

20 新建"图层11"，使用相同的方法，完成相似内容的制作。

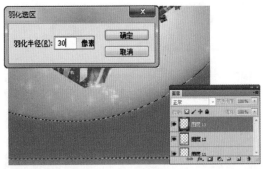

21 新建"图层12"，设置"前景色"为CMYK（3，33，69，0），然后选择"画笔工具"，设置笔触大小，在画布中进行绘制。

22 新建"图层13"，使用"钢笔工具"在画布中绘制路径，将其转换为选区，并进行羽化操作，然后填充颜色为CMYK（0，66，96，0）。

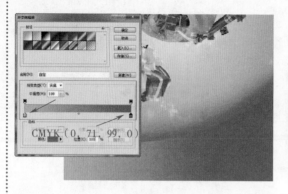

23 新建"图层14",在画布中绘制路径并转换为选区,然后选择"渐变工具",设置渐变颜色,填充线性渐变。

24 使用相同的方法,完成相似图形的绘制。

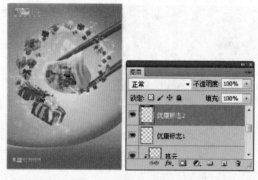

25 打开并拖入素材"光盘\源文件\第4章\素材\433.tif",将其调整到合适的位置。按快捷键Ctrl+Alt+G创建剪贴蒙版,并对图层进行相应设置。

26 使用相同的方法,打开并拖入素材,并调整到合适的位置。

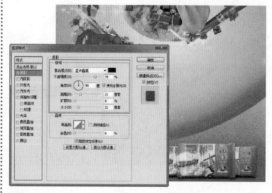

27 打开并拖入素材"光盘\源文件\第4章\素材\436.tif",为该图层添加"投影"图层样式,并对参数进行设置。

28 复制"包装袋"图层得到"包装袋副本"图层,删除其图层样式。为图层添加图层蒙版,在蒙版中填充黑白线性渐变,并对图层进行设置。

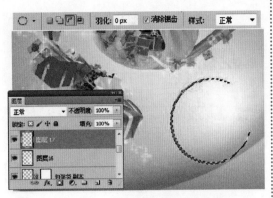

29 新建"图层16"，设置"前景色"为白色，然后选择"画笔工具"，设置笔触大小，在画布中进行绘制。

30 新建"图层17"，选择"椭圆选框工具"，在选项栏上单击"从选区中减去"按钮，然后在画布中绘制选区，并填充颜色为CMYK（1，75，99，0）。

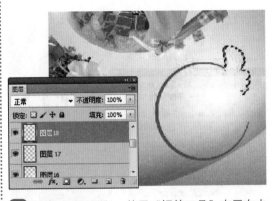

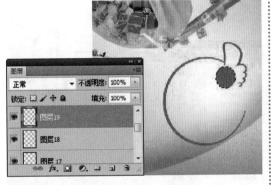

31 新建"图层18"，使用"钢笔工具"在画布中绘制路径，并将其转换为选区，然后填充颜色为CMYK（1，75，99，0）。

32 新建"图层19"，选择"椭圆选框工具"，按住Shift键在画布中绘制正圆选区，并填充颜色为CMYK（1，75，99，0）。

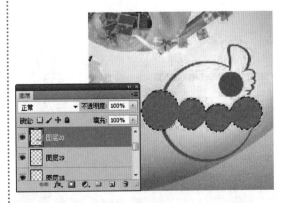

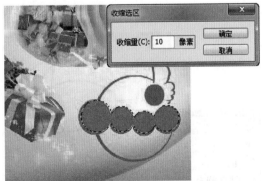

33 使用相同的方法，完成相似图形的绘制。

34 新建"图层21"，载入"图层20"选区，执行"选择>修改>收缩"命令收缩选区，并调整选区的位置。

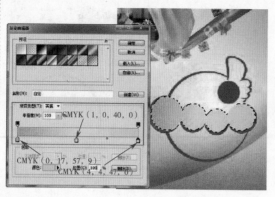

35 选择 "渐变工具" ，打开 "渐变编辑器" 对话框，设置渐变颜色，在选区中填充线性渐变。

36 选择 "图层21" ，执行 "编辑>描边" 命令，在弹出的对话框中对相关参数进行设置。

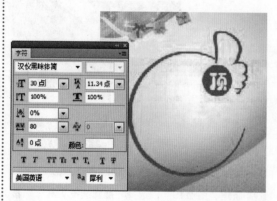

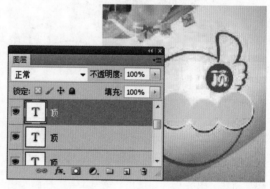

37 使用 "横排文字工具" 在画布中输入文字。

38 复制两次文字图层，分别改变字体颜色，并将文字移到合适的位置。

39 使用相同的方法，完成相似内容的制作。

40 使用 "横排文字工具" 在画布中输入文字。

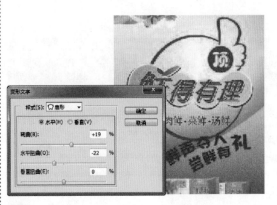

41 在选项栏上单击"创建文字变形"按钮，在弹出的"变形文字"对话框中对参数进行设置。

42 为文字图层添加"描边"图层样式，并对相关参数进行设置。

43 设置"前景色"为CMYK（0，96，95，0），使用"钢笔工具"在画布中进行绘制。

44 为"形状1"图层添加"描边"图层样式，然后使用相同的方法绘制出相似的图像。

45 完成该食品广告的设计制作，得到最终效果。

操作小贴士:

在"路径"面板中选择绘制的工作路径,直接单击"用画笔描边路径"按钮 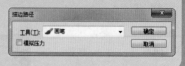,将直接使用当前的画笔设置对路径进行描边。如果按住Alt键单击"用画笔描边路径"按钮 ,将弹出"描边路径"对话框,在该对话框中可以对相关参数进行设置。

在"描边路径"对话框中可以设置用来描边的工具,如画笔、铅笔、橡皮擦、仿制图章等,如果选择"模拟压力"复选框,则可以使描边的线条产生粗细变化。如果直接单击"用画笔描边路径"按钮,系统将采用默认的设置对所选路径进行描边操作。

第12个小时

平面广告以各种各样的媒体形式将广告信息传递给大众,因此平面广告具有多种类别。本小时将向读者介绍有关平面广告类别的相关知识,相信通过对本知识点的学习,读者会更全面地了解平面广告。

▲ 4.5 DM广告的特点

与其他媒体广告相比,DM广告可以直接将广告信息传送给真正的受众,具有成本低、认知度高等优点,为商家宣传自身形象和商品提供了良好的载体。其主要特点如下:

➤ 针对性强

DM广告具有强烈的选择性和针对性,其他媒介只能将广告信息笼统地传递给受众,而不管受众是否是广告信息的目标对象。

➤ 广告费用低

与报刊、杂志、电台、电视等媒体发布广告的高昂费用相比,其产生的成本比较低。

➤ 灵活性强

DM广告的广告主可以根据自身的具体情况来任意选择版面大小,并自行确定广告信息的长短及选择全色或单色印刷形式。

➤ 持续时间长

受众拿到DM广告之后,可以翻阅直邮广告信息,并以此作为参照物详尽了解产品的各项性能指标,直到最后做出是否购买的决定。

➤ 广告效应较好

DM广告是由广告主直接派发或寄送给个人的,在广告主付诸实际行动之前,可以参照地理区域和人口统计因素来选择受传对象,以保证广告信息最大限度地传给受众。同时,受传者在收到DM广告之后,可以不受外界干扰了解其中的内容。

➤ 可测定性高

在发出直邮广告之后,可以通过产品销售数量的增减变化情况及变化幅度来了解广告信息在传出之后所产生的效果。

➤ 时间可长可短

DM广告不仅可以作为专门指定在某一时间期限内送到,以产生即时效果的短期广告,还可以作为经常性、常年性寄送的长期广告。

➤ 范围可大可小

DM广告既可以用于小范围的社区、市区广告,也可以用于区域性或全国性广告,如连锁店可采用这种方式提前向消费者进行宣传。

➤ 隐蔽性强

DM广告是一种非轰动性广告,不易引起竞争对手的察觉和重视。

▲*4.6* POP广告的设计要求

在商业活动中，POP广告是一种极为活跃的促销形式，它以多种方式将各种各样的大众信息传播媒体的集成效果浓缩在销售场所中，是直接沟通顾客与商品的小型广告，能够把商品的优点、内容、质量及使用方法清晰明确地再传达给消费者，使消费者很快地了解商品信息，从而促进销售，这也正是POP广告的魅力所在。

POP广告能否被成功地运用，关键在于广告画面的设计能否简洁鲜明地传达信息、塑造优美的形象，使之具有动人的感染力。

（1）必须特别注重现场广告的心理攻势。因为POP广告具有直接促销的作用，设计者必须着力于研究店铺环境与商品的性质，以及顾客的需求心理，有的放矢的表现最能打动顾客的内容。所以POP广告的图文必须有针对性地、简明扼要地表示商品的益处、功能、优点等内容。

（2）注重陈列设计。POP广告应视为构成商品形象的一部分，所以其设计与陈列应该从加强商店形象的总体出发，加强和渲染商店的艺术气氛。室外POP广告包括广告牌、霓虹灯、灯箱、电子闪示牌、光纤广告、招贴等。POP广告不仅可以引导消费者走进商店，而且可以起到美化城市的作用。

（3）POP广告最重要的是确立整个促销计划。设计师面临着市场商品多元化和大量生产的局面，因而研究和分析消费者的购买心理和消费心态的变化，以及特定店铺与商品的性质，是设计POP广告的基本要素。

（4）为了解除因对商品尚存在疑虑，而产生购物犹豫心理的状况，POP广告应针对顾客的关心点进行诉求和解答。价格是顾客所关心的重点，所以价目卡应该置于醒目的位置；商品说明书、精美商品传单等资料应置于取阅方便的POP展示架上；对于新产品，最好采用口语推荐的广告形式说明解释、诱导购买。

（5）强调现场广告效果。应该根据零售店经营商品的特色，如经营档次、服务状况，以及顾客的心理特征与购买习惯，力求设计最能打动消费者的广告。

（6）造型简洁，设计醒目。由于POP广告体积小，容量有限，要想在琳琅满目的商品中不被忽略，其造型应该简练，画面设计应该醒目，版面设计应该突出且不失美感。

（7）POP广告与一般广告一样，包括文字、图形及色彩三大平面广告构成要素。但是为了适应商场内顾客的流动视线，POP广告多以立体的方式出现，所以在平面广告造型基础上需增加立体造型的因素。

（8）POP广告设计的全部秘诀在于强调购买的"时间"与"地点"，在特定的销售环境中给消费者提供一个面对具体商品做出选择的机会。因而POP广告的设计既要具有鲜明的个性，同时还要与企业形象相符合，要从企业和商品的主题出发，站在广告活动的立场上，全盘考虑。

（9）POP广告的设计要求新颖独特，能够很快地引起顾客的注意，激发消费者的购买欲。

（10）以形象为主导，POP广告的最终目的是把商品销售出去，所以常见的POP广告大多借价格差价来吸引顾客购买。以价格为主导的POP广告，的确能在一段时期内起到激励、诱导消费的作用，但时间一久，则会由于过度刺激而失去功效。

▲*4.7* POP广告与DM广告的区别

DM是Direct Mail的缩写，即直邮广告，译为"直接邮寄广告或直投广告"，它的法定称谓为固定形式的印刷品广告，如图4-8所示。POP是Point Of Purchase Advertising的缩写，译为"购买时点广告"，它是一种促销广告。

图4-8　DM广告

　　POP是指"购买点广告"，是一个具有立体空间且流动的广告设计。POP广告设计的载体有很多，例如超市，凡在建筑内外，所有能帮助商品促销的广告物都可以称为POP广告。从由外到内的角度看，超市外新货上市的广告、今日特价商品及欢迎光临的条幅，超市内悬挂的商品标识广告、销售人员的服饰等都是POP广告，POP广告将不同类型的广告集成为一个整体，具有很强的感染力，图4-9所示。

图4-9　POP广告

设计活动宣传DM.swf

设计活动宣传DM.psd

平面广告设计以多种形式向读者传达信息，丰富的广告形式的应用有助于达到更高的广告效益。通过知识点的学习，我们对平面广告的类别已经有了比较清楚的了解，那么让我们来练习1个案例吧，对于这个案例，你可以先预览一下，考查一下自己是不是可以设计出这样的作品。

自测24　设计活动宣传DM广告

　　本实例设计一个活动宣传DM广告，通过鲜艳的色彩、流行的元素加上灯光灿烂的舞台和热闹人群，营造出一种非常喜庆的场景，给人以活跃、欢乐的气氛，通过对主题文字的变形、描边等操作，突出主题文字的效果。

请打开源图片

　　视频地址：光盘\视频\第4章\设计活动宣传DM.swf

　　源文件地址：光盘\源文件\第4章\设计活动宣传DM.psd

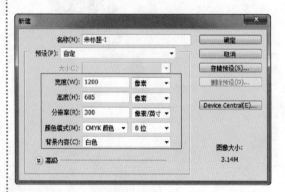

01 执行"文件>新建"命令，在弹出的"新建"对话框中进行相应的设置。

02 按快捷键Ctrl+R，显示文档标尺，在标尺中拖出参考线作为出血线。

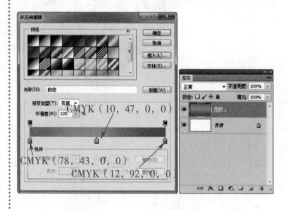

03 新建"图层1"，选择"渐变工具"，打开"渐变编辑器"对话框，设置渐变颜色，填充线性渐变。

04 执行"文件>新建"命令，在弹出的"新建"对话框中进行相应的设置。

05 为画布填充黑色，执行"滤镜>渲染>镜头光晕"命令，在弹出的对话框中对相关参数进行设置，然后多次应用该滤镜。

06 将该图像拖入所设计的文档中，得到"图层2"，设置其"混合模式"为"滤色"。

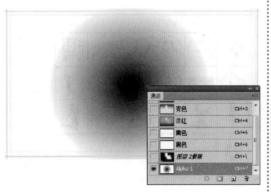

07 为"图层2"添加图层蒙版，选择"画笔工具"，在选项栏上对相关属性进行设置，然后在蒙版中进行涂抹。

08 在"通道"面板中新建Alpha 1通道，使用"渐变工具"在该通道中填充黑白径向渐变。

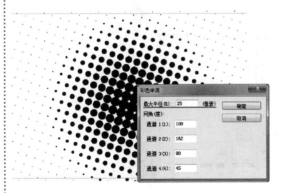

09 执行"滤镜>像素化>彩色半调"命令，在弹出的"彩色半调"对话框中进行相应的设置。

10 载入"Alpha 1"通道选区，返回"图层"面板，新建"图层3"，按快捷键Ctrl+Shift+I反向选择选区，为选区填充白色。

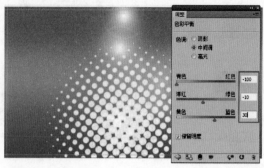

11 使用"橡皮擦工具"将边缘多余的部分擦除，然后按快捷键Ctrl+T，调整图像的大小和位置。

12 添加"色彩平衡"调整图层，在"调整"面板中进行相应的设置。

13 选择"自定形状工具"，在选项栏上打开"自定形状"拾色器，载入外部形状。

14 新建"图层4"，设置"前景色"为CMYK（53，100，61，14），使用"自定形状工具"在画布中绘制图形。

15 使用相同的方法，绘制出其他部分图形。

16 新建"图层6"，设置"前景色"为白色，然后选择"画笔工具"，载入"混合画笔"，在画布中进行绘制。

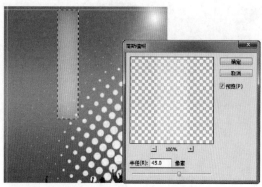

17 新建"图层7",在画布中绘制矩形选区,并 为选区填充白色。

18 执行"滤镜>模糊>高斯模糊"命令,在弹出 的对话框中进行相应的设置。

19 按快捷键Ctrl+T,对图像进行相应的变换操 作。

20 为"图层7"添加图层蒙版,设置"前景色" 为黑色,然后使用"画笔工具"在蒙版中进 行涂抹,并设置"图层7"的"不透明度"为 40%。

21 将"图层7"复制多次,并依次调整每个图层 的位置、大小和不透明度。

22 新建"图层8",绘制椭圆形选区,并对选区进 行羽化处理,然后填充颜色为CMYK(38,83, 24,0)。

23 新建"图层9",设置"前景色"为CMYK（22，80，0，0），然后选择"自定形状工具"，在选项栏上进行相应的设置，在画布中绘制图像。

24 载入"图层9"选区，执行"选择>修改>收缩"命令收缩选区，然后按Delete键删除图像，保留选区。

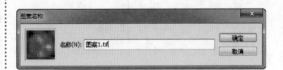

25 打开素材图像"光盘\源文件\第4章\素材\441.tif"，执行"编辑>定义图案"命令，在弹出的对话框中对相关参数进行设置。

26 执行"编辑>填充"命令，在弹出的"填充"对话框中进行设置，然后单击"确定"按钮。

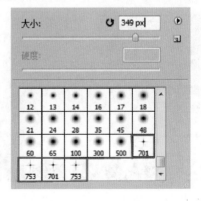

27 新建"图层10"，使用相同的方法绘制出高光。将"图层9"与"图层10"合并，按快捷键Ctrl+T，将其旋转缩放至适当的位置。

28 选择"画笔工具"，打开"画笔预设"选取器，载入外部画笔"光盘\源文件\第4章\素材\星光笔刷.abr"。

29 选择"画笔工具"，在选项栏上对相关参数进行设置，不断调整画笔的大小，在画布中进行绘制。

30 将"图层10"复制多次，并分别调整其大小和位置。

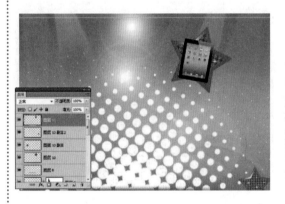

31 打开并拖入素材"光盘\源文件\第4章\素材\442.tif"，调整其大小和位置。

32 使用相同的方法，完成其他图像效果的制作。

33 将"前景色"设置为白色，使用"横排文字工具"输入文字。

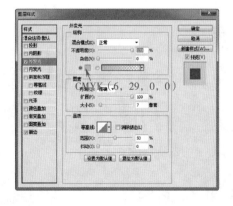

34 为文字图层添加"外发光"图层样式，并对相关参数进行设置。

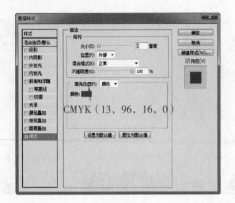

35 在"图层样式"对话框中选择"描边"选项，
对相关参数进行设置。

36 单击"确定"按钮，完成"图层样式"对话框
的设置，可以看到效果。

37 对个别文字的大小进行调整，载入文字选区。
新建"图层12"，执行"编辑>描边"命令，
在弹出的对话框中对相关参数进行设置。

38 调整图层的顺序，按快捷键Ctrl+D取消选区。

39 同时选中文字图层和"图层12"，按快捷键
Ctrl+T，对其进行适当旋转和斜切操作。

40 使用相同的方法，完成其他内容的制作。

41 完成该活动宣传DM的设计制作，得到最终效果。

操作小贴士：

　　在Photoshop中提供了大量的自定义形状，包括箭头、标识、指示牌等。单击工具箱中的"自定义形状工具"按钮 ，在其选项栏上选择一种形状，然后在画布上拖动鼠标即可绘制该形状的图形。
　　除了可以使用系统提供的形状外，在Photoshop中还可以将自己绘制的路径图形创建为自定义形状。只需要将自己绘制的路径图形选中，执行"编辑>定义自定形状"命令，即可将其保存为自定义形状。

第13个小时

　　这是本章学习的最后一个小时，通过前3个小时的学习，相信读者对平面广告设计的相关知识有了比较深入的了解，接下来我们将一起学习Photoshop中图层的应用，通过本时间段的学习，你将会对图层的相关知识有进一步的了解。

▲ *4.8* 关于图层

　　"图层"就如同堆叠在一幅画面上的透明纸，在每一张上都保存着不同的图像，透过这张透明纸不仅能够看到下面的内容，而且在透明纸上进行任何涂抹都不会影响下面的内容。如图4-10所示为图像及图像所对应的图层。

图4-10　图像及图像所对应的图层

对于每一个图层中的对象都可以进行单独处理，而不会影响到其他图层的内容，图层也可以移动，如图4-11所示。

图4-11　调整图像的位置

在编辑图层前，需要在"图层"面板中单击该图层，将其选择，所选图层称为"当前图层"。绘画以及颜色和色调调整都只能在一个图层中进行，而移动、对齐、变换或应用"样式"面板中的样式可以同时处理所选的多个图层。

▲ *4.9*　图层的创建与基本操作

Photoshop中提供的新建图层的方法有多种，包括在"图层"面板中创建、在编辑图像的过程中创建、使用命令创建等，下面向读者介绍图层的创建与基本操作。

1. 图层的创建

（1）在"图层"面板中创建新图层

打开"图层"面板，单击"图层"面板中的"创建新图层"按钮 ，即可在当前图层上新建一个图层，如图4-12所示。

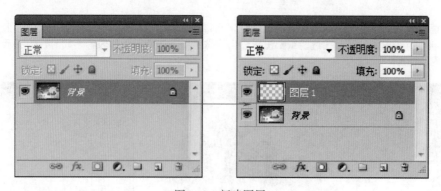

图4-12　新建图层

（2）使用"新建"命令新建图层

如果要在创建图层的同时设置图层的属性，如图层的名称、颜色和混合模式，可以执行"图层>新建>图层"命令，在弹出的"新建图层"对话框中对新创建的图层进行设置，如图4-13所示。单击"确定"按钮，"图层"面板如图4-14所示。

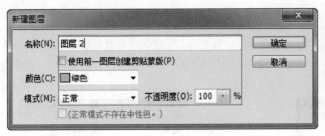

图4-13　"新建图层"对话框　　　　　　图4-14　"图层"面板

（3）使用"通过拷贝的图层"命令新建图层

在图像中创建选区，如图4-15所示。执行"图层>新建>通过拷贝的图层"命令，或按快捷键Ctrl+J，可以将选区内的图像复制到一个新图层中，原图层内容保持不变，如图4-16所示。如果没有创建选区，执行该命令可以快速复制当前图层，如图4-17所示。

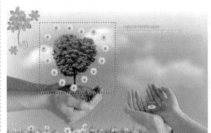

图4-15　创建选区　　　　图4-16　复制选区内的图像　　　图4-17　快速复制当前图层

（4）使用"通过剪切的图层"命令创建图层

在图像中创建选区，如图4-18所示。执行"图层>新建>通过剪切的图层"命令，或按快捷键Shift+Ctrl+J，将选区内的图像剪切到一个新的图层，如图4-19所示。在"图层"面板中可以看到，"背景"图层的选区已被剪掉移至新的图层中。

图4-18　创建选区　　　　　　　图4-19　"图层"面板

2. 图层的基本操作

在设计的时候，为了便于修改，可以在不同的图层上进行操作，接下来了解一下有关图层的基本操作。

（1）移动图层

如果想要移动整个图层内容，先要确定该图层处于选中状态，然后使用"移动工具"，或按住Ctrl键拖动移动图像。如果想要移动的是图层中的某一块区域，则必须先创建选区，然后使用"移动工具"进行移动。

（2）复制图层

复制图层是较为常用的图层操作，可以将某一图层复制到同一图像或是另一幅图像中，如果在同一图像中复制图层，将需要复制的图层拖曳至"图层"面板中的"创建新图层"按钮 ⊒ ，如图4-20所示，即可复制该图层，如图4-21所示。

图4-20 拖至"创建新图层"按钮上

图4-21 复制后的图层

还可以选中需要复制的图层，执行"图层>复制图层"命令，或是单击"图层"面板右上角的小三角按钮 ，在弹出的菜单中选择"复制图层"命令，弹出"复制图层"对话框，设置选项后，单击"确定"按钮即可复制图层到指定的图像中。

（3）删除图层

选择要删除的图层，然后单击"图层"面板底部的"删除图层"按钮 ，或者选择"图层"面板下拉菜单中的"删除图层"命令，也可以直接用鼠标拖曳图层至"删除图层"按钮 上删除。

（4）调整图层的叠放顺序

"图层"面板中图层的叠放顺序直接关系到图像的显示效果，因此为图层排序也是一个非常基本的操作。Photoshop提供了两种调整叠放顺序的方法。

● 用鼠标直接拖曳：在"图层"面板中，将一个图层拖至另一个图层的上面（或下面），如图4-22所示，即可调整图层的叠放顺序，效果如图4-23所示。

● 用"排列"命令调整：可以对当前的图层执行"图层>排列"命令，在其子菜单中选择相应的命令调整叠放顺序。

图4-22 调整图层前

图4-23 调整图层后

▲ *4.10* 图层混合模式的原理与特征

图层的"混合模式"是将当前像素的颜色与其下方的每个像素的颜色相混合，以便生成新的颜色。它决定了像素的混合方式，可用于创建各种特殊效果，但不会对图像造成任何破坏。

● 组合模式组

组合模式组中的混合模式需要降低图层的不透明度才能产生作用，包括正常模式和溶解模式两种。如图4-24所示为设置"混合模式"为"正常"时的效果。

● 加深模式组

加深模式组中的混合模式可以使图像变暗，在混合过程中，当前图层中的白色将被下面图层较暗的像素代替。Photoshop中的加深模式包括变暗模式、正片叠底模式、颜色加深模式、线性加深模式和深色模式5种。如图4-25所示为设置"混合模式"为"颜色加深"时的效果。

图4-24　正常模式　　　　　　　　　　　　图4-25　颜色加深模式

1. 减淡模式组

与加深模式组相对应的是减淡模式组，它也包括5种混合模式，分别为变亮模式、滤色模式、颜色减淡模式、线性减淡（添加）模式和浅色模式。在使用这些混合模式时，图像中的黑色会被较亮的像素替换，任何比黑色亮的像素都可能加亮下面图层的图像。如图4-26所示为设置"混合模式"为"颜色减淡"时的效果。

2. 对比模式组

对比混合模式综合了加深和减淡混合模式的特点，在进行混合时，50%的灰色会完全消失，任何亮度值高于50%灰色的像素可能加亮下面图层的图像，亮度值低于50%灰色的像素则可能使下面图层的图像变暗。

在Photoshop的对比模式组中一共有7种混合模式，分别是叠加模式、柔光模式、强光模式、亮光模式、线性模式、线性光模式、点光模式和实色混合模式。如图4-27所示为设置"混合模式"为"亮光"时的效果。

图4-26　颜色减淡模式　　　　　　　　　　图4-27　亮光模式

3. 比较模式组

Photoshop的比较模式组中包括差值混合模式和排除混合模式两种。比较模式组中的混合模式可以比较当前图像与下面图层中的图像，然后将相同的区域显示为黑色，将不同的区域显示为灰度层次或彩色。如果当前图层中包含白色，白色区域会使下面图层中的图像的色彩显示反相效果，而黑色不会对底层图像产生影响。如图4-28所示为设置"混合模式"为"排除"时的效果。

4. 色彩模式组

在使用色彩模式组中的混合模式时，Photoshop会将色彩分为3种成分：色相、饱和度和明度。在使用色彩模式组合图像时，Photoshop会将这3种成分中的一种或两种应用到图像中，它由4种混合模式组成，分别是色相模式、饱和度模式、颜色模式和明度模式。如图4-29所示为设置"混合模式"为"明度"时的效果。

图4-28　排除模式　　　　　　　　　　　　　图4-29　明度模式

美灵MeiLing

将品质服务
进行到底

冰箱七天性能故障不制冷　美灵免费送您

先行赔付
中国消费者质会

品质服务先行赔付保证金
5000000元

MEILING美灵电器

电器专家

设计家电促销活动广告.swf

设计家电促销活动广告.psd

自我检测

　　了解了平面广告设计的相关知识，并且
学习了Photoshop中有关图层的知识后，我们
基本上可以应用所学到的平面广告设计知识
和Photoshop的相关知识设计制作平面广告作
品了。下面就开始付诸于行动，大家一起动
手，来练习各种类型平面广告的设计，让我
们一起来行动吧！接下来给出1个案例，你可
以先预览一下，考查一下自己是不是可以设
计出这样的作品。

自测25 设计家电促销活动广告

本案例设计制作家电促销活动广告，在广告的设计中着重突出对主题文字的处理，从而更吸引观众的眼球，将橘黄与蓝色两个互补色相搭配起到了醒目的作用，充分发挥了广告的宣传作用。

请打开源图片

📺 视频地址：光盘\视频\第4章\设计家电促销活动广告.swf

🎬 源文件地址：光盘\源文件\第4章\设计家电促销活动广告.psd

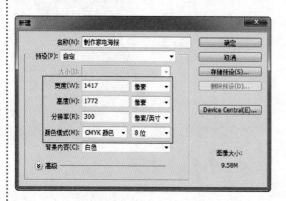  

01 执行"文件>新建"命令，在弹出的"新建"对话框中进行相应的设置。

02 设置"前景色"为CMYK（0，0，48，0），为画布填充前景色，并拖出参考线作为出血线。

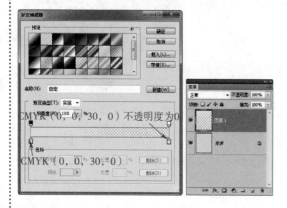 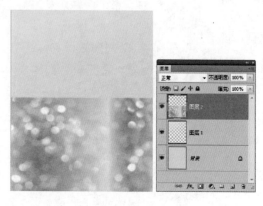

03 新建"图层1"，选择"渐变工具"，打开"渐变编辑器"对话框，设置渐变颜色，在画布中填充线性渐变。

04 打开并拖入素材文件"光盘\源文件\第4章\素材\4501.tif"。

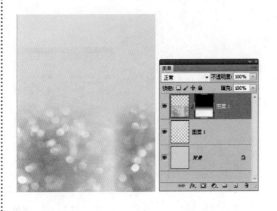

05 为"图层2"添加图层蒙版,在图层蒙版中填充黑白线性渐变。

06 打开并拖入素材"光盘\源文件\第4章\素材\4502.tif",设置"图层3"的"混合模式"为"线性加深"。

07 复制"图层3"得到"图层3副本",设置该图层的"混合模式"为"颜色加深"、"不透明度"为60%。

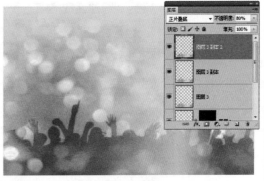

08 复制"图层3副本"得到"图层3副本2",设置该图层的"混合模式"为"正片叠底"、"不透明度"为80%。

09 复制"图层3副本2"得到"图层3副本3",执行"编辑>变换>水平翻转"命令,并将其向上移动。

10 为"图层3副本3"添加图层蒙版,在图层蒙版中填充黑白线性渐变。

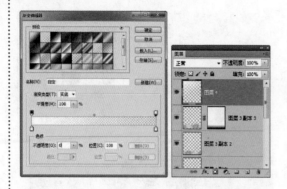

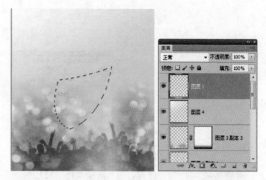

11 新建"图层4",选择"渐变工具",打开"渐变编辑器"对话框,设置渐变颜色,并在画布中填充线性渐变。

12 新建"图层5",使用"钢笔工具",在画布中绘制路径,按快捷键Ctrl+Enter,将路径转换为选区。

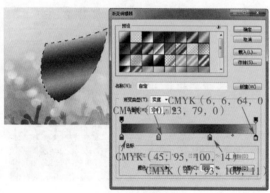

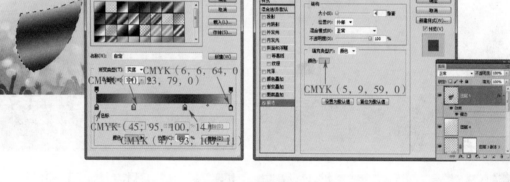

13 选择"渐变工具",设置渐变颜色,为选区填充线性渐变,并保留选区。

14 为"图层5"添加"描边"图层样式,在弹出的对话框中进行设置。

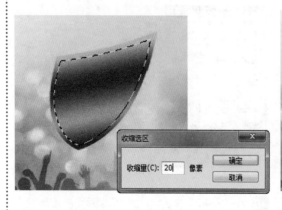

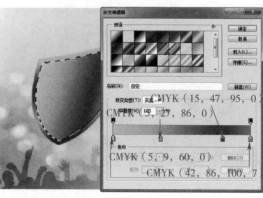

15 执行"选择>修改>收缩"命令,在弹出的"收缩选区"对话框中进行设置。

16 新建"图层6",选择"渐变工具",设置渐变颜色,为选区填充线性渐变。

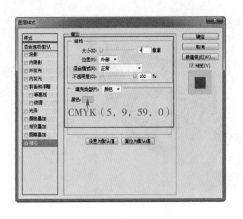

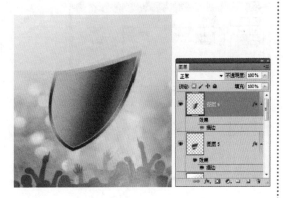

17 为"图层6"添加"描边"图层样式,在弹出的对话框中进行设置。

18 单击"确定"按钮,完成"图层样式"对话框的设置,取消选区。

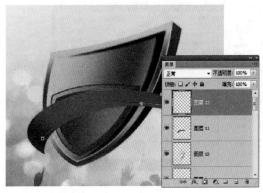

19 使用相同的方法,绘制出其他图像效果。

20 新建"图层12",使用"钢笔工具"在画布上绘制路径。

21 使用"横排文字工具"在路径上单击并输入文字。

22 将文字栅格化,按快捷键Ctrl+T对其进行相应的调整。

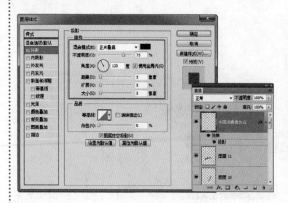

23 为其添加"投影"图层样式，在弹出的"图层样式"对话框中进行设置。

24 输入其他文字，并将其栅格化。

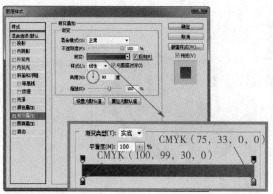

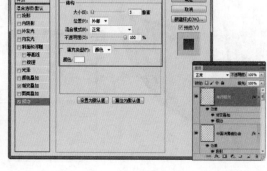

25 为该图层添加"渐变叠加"图层样式，并对相关参数进行设置。

26 选择"描边"，对相关参数进行设置。

27 单击"确定"按钮，完成"图层样式"对话框的设置，可以看到图像效果。

28 新建"图层12"，使用"钢笔工具"在画布中绘制路径，并将路径转换为选区。

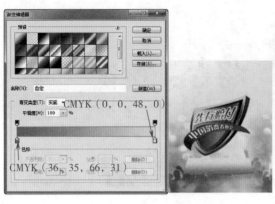

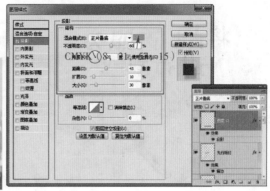

CMYK（0，0，48，0）

CMYK（36，35，66，31）

29 选择"渐变工具"，打开"渐变编辑器"对话框，设置渐变颜色，为选区填充线性渐变，然后取消选区。

30 设置"图层12"的"混合模式"为"正片叠底"，添加"投影"图层样式，并对相关参数进行设置。

31 单击"确定"按钮，完成"图层样式"对话框的设置。

32 打开并拖入素材文件"光盘\源文件\第4章\素材\4504.tif"。

33 使用相同的方法，拖入其他相应的素材图像，并分别进行调整。

34 使用"横排文字工具"在画布中输入文字，并将其栅格化。

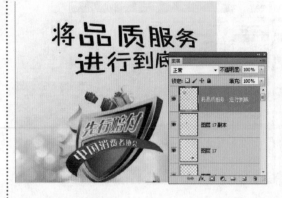

35 按快捷键Ctrl+T，对文字进行适当的旋转、斜切和变形操作。

36 载入该图层选区，新建"图层19"，填充颜色CMYK（0，55，100，0），然后将"图层19"向左上方移动，并保留选区。

37 新建"图层20"，执行"编辑>描边"命令，在弹出的对话框中进行设置，然后取消选区。

38 载入"图层20"选区，新建"图层21"，执行"编辑>描边"命令，在弹出的对话框中进行设置。

39 取消选区，将"图层21"向左上方移动，并调整图层的顺序。

40 新建"图层22"，载入"图层19"选区，将多余选区删除。

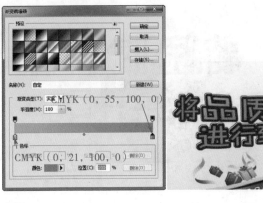

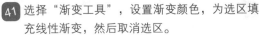

41 选择"渐变工具",设置渐变颜色,为选区填充线性渐变,然后取消选区。

42 使用相同的方法,完成其他部分内容的制作。

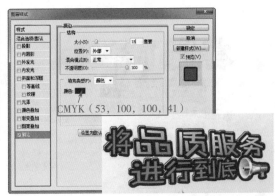

43 为文字绘制高光。

44 打开并拖入素材文件"光盘\源文件\第4章\素材\4508.tif",为其添加"描边"图层样式,并对相关参数进行设置。

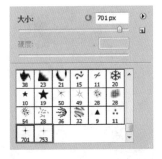

45 选择"画笔工具",在选项栏中打开"画笔预设"选取器,载入外部画笔"光盘\源文件\第4章\素材\星光笔刷.abr"。

46 新建"图层31",选择"画笔工具",在选项栏上对相关参数进行设置,然后在画布中进行绘制。

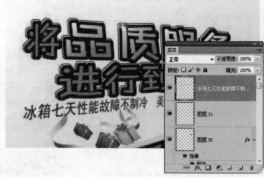

47 使用"横排文字工具"在画布中输入文字，并栅格化图层。

48 按快捷键Ctrl+T，对该图层进行适当的斜切和扭曲操作。

49 新建"图层32"，使用"钢笔工具"在画布中绘制路径。

50 将路径转换为选区，并填充颜色为CMYK（53，100，100，41），然后取消选区。

51 将"图层32"复制多次，并分别进行调整。

52 制作出其他部分内容，完成家电促销活动广告的制作，得到最终效果。

操作小贴士：

单击工具箱中的"画笔工具"按钮，在其选项栏中单击"画笔"选项右侧的按钮，将打开"画笔预设"选取器，可以看到许多不同形状的画笔，单击任意画笔即可使用其绘制形状。Photoshop提供了多种不同类型的画笔，为了方便选取画笔，用户可以单击"画笔预设"选取器右上方的小三角按钮，在弹出的下拉菜单中改变"画笔预设"选取器中的显示方式，在该菜单中还提供了其他相应的选项供用户选择。

自我评价

通过对以上几个不同类型的平面广告作品的设计练习，相信你已经熟练地掌握各种平面广告的制作、理解平面广告的设计思路与设计技巧了！今后，通过大量的实例练习，你可以继续提高平面广告设计方面的水平。

总结扩展

在上面的几个案例中主要介绍了几种不同类型的平面广告的设计方法，在设计制作过程中主要使用了钢笔工具、渐变工具、图层样式、滤镜等命令，具体要求如下表：

	了解	理解	精通
钢笔工具			√
渐变工具			√
图层样式			√
混合模式		√	
滤镜的运用	√		
图层蒙版	√		

平面广告设计是宣传产品或活动的彩色图画，以设计精美、独具创意的构思及强烈的视觉冲击力，使受众对产品形成最初的印象。本章主要介绍了平面广告设计的相关知识和制作步骤，通过今天的学习，大家需要熟练掌握各种平面广告的设计制作、理解平面广告的设计思路和表现方法。在接下来的一章中，我们将学习网页设计的相关内容，准备好了吗？让我们一起出发吧！

第5章

缤纷世界

——网页设计

制作网站主要是为了让用户浏览的，而面对网络上如此之多的网站，对于每一个网站个体来说，无疑加大了彼此的竞争，为了让访问者喜欢上自己的网站，并产生视觉上的愉悦感，网页界面设计就显得尤为重要了。

本章是学习的第14个小时，从这个小时开始我们将学习网页设计的相关知识，围绕网页设计的主题，我们会相应地学习有关Photoshop的操作技巧，本章主要介绍蒙版和通道的相关操作。

学习目的	掌握不同类型网页的设计方法
知识点	图层蒙版、剪贴蒙版、通道
学习时间	4小时

浏览网页时看到的各种界面是怎样做出来的

　　作为上网的主要依托，网页由于人们的频繁使用而变得越来越重要，随着时代的发展、科学的进步、需求的不断提高，网页设计已经在短短数年内跃升为一门新艺术。好的网页设计是艺术和技术的高度统一，应该包括视听元素与版式设计两项内容，以主题鲜明、形式与内容相统一、强调整体为设计原则，具有交互性与持续性、多维性、综合性、版式的不可控性、艺术与技术相结合等特点。下面让我们一起走进网页设计这个五彩缤纷的"世界"吧！

网页界面设计作品欣赏

什么是网页界面

　　一般来说，网页界面就是能够看到的网站的画面，它基本由网页浏览器（工具栏、地址栏、状态栏、菜单栏）、导航要素（主菜单、子菜单、搜

网页界面设计的要求

　　网页界面设计具有两大主要内容：①创意性或者独创性。个性的网页，能给人留下深刻的印象。②清晰性。网页的目的表达得清楚同样会给用

网页界面设计的特点

　　与当初的纯文字和数字网页相比，现在的网页无论是内容上还是形式上都得到了极大的丰富。设计特点主要概括为交互性、版式的不可控性、技

索栏等）及各种网页内容（标志、图像等）构成。

户带来方便，会给人留下深刻的印象。此外，网站的整体设计要保持一贯性，这样即使经验很少的网站客户，也很容易了解该网站的信息。

术与艺术结合的紧密性、多媒体的综合性、多维性。

第14个小时

在学习的第14个小时里，主要是让大家对网页设计有个基本的了解，大家不要小看了这些概念，它们是我们进行网页设计的根基，在这一个小时里，你将会弄清楚什么是网页设计以及网页设计的分类。

▲ *5.1* 网页设计简介

在网页设计中最重要的是排版布局，其目的就是提供一种布局更合理、功能更强大、使用更方便的界面给每一个浏览者，使他们能够轻松、快捷、愉悦地了解信息。

从网络的发展历史角度来看，网页设计一直由于技术的原因而受到限制。最初的网页受传输带宽的限制都是纯文本的，没有图片也没有声音，只能借助于占用空间很小的数字和字母进行传输，而现在我们所看到的网络上不仅有图片、文字、声音，更有丰富多彩的动态画面。

随着互联网技术的进一步发展与普及，网站更注重审美的要求和个性化的视觉表达，对网页设计的要求也越来越高。网页设计要有自己的独特性，但在颜色的使用上，它也有自己的标准色——"安全色"。在界面设计时，要考虑浏览者使用的不同浏览器、不同分辨率的情况；在元素的使用上，可以充分利用多媒体的长处，选择最恰当的音频与视频相结合的表达方式，给用户以身临其境的感觉和深刻的印象，如图5-1所示。

图5-1　设计精美的网页界面

▲ *5.2* 网页界面设计的分类

网页界面设计的种类繁多，但总体上可以概括为以下三大类：

1. 环境性界面

任何设计都不可能脱离环境而独立存在，网页设计也不例外，所以说网页设计只有适应了环境，才能被人所接受。

环境性界面设计所涵盖的因素是极其广泛的，包括政治、历史、经济、文化、科技、民族、宗教、信仰等，这些方面的界面设计体现了设计艺术的社会性，如图5-2所示。

图5-2　环境性界面

2. 情感性界面

人可以说是一种感情动物，所以任何一件产品或网页作品只有与人的情感产生共鸣，才能被人所接受。随着科技的不断发展，网页设计会越来越人性化，例如图标设计简单明了，多媒体的运用让浏览者有种身临其境的感觉。如图5-3所示为情感性的网页界面。

图5-3　情感性界面

3. 功能性界面

"功能"顾名思义可以理解为一件产品的作用，或是网页所要传达的信息。对于功能性界面来说，它实现的是使用性内容，优秀的网页设计不仅会给浏览者留下深刻的印象，而且能全面地让浏览者了解网页的最终目的或产品信息等，如图5-4所示。

图5-4　功能性界面

设计网站导航栏.swf

设计网站导航栏.psd

设计网站弹出广告页面.swf

设计网站弹出广告页面.psd

自我检测

对网页设计的概念有了一定的了解后，你想不想自己动手制作一些与网页相关的东西呢？下面就让我们一起动手，学习制作在网页中必不可少的导航栏以及浏览网页时经常弹出的小广告。接下来给出两个案例，你可以先预览一下，然后跟着练习一遍，看看自己能不能很好地掌握这部分知识。

自测26　设计网站导航栏

导航栏是网页中不可或缺的重要组成部分，也是整个网页中最醒目的地方，本案例制作的导航栏给人以晶莹剔透的感觉，在Photoshop中运用了渐变填充和图层样式来完成该导航栏的绘制，下面来解析这种导航栏的具体制作方法。

请打开源图片

> 视频地址：光盘\视频\第5章\设计网站导航栏.swf

> 源文件地址：光盘\源文件\第5章\设计网站导航栏.psd

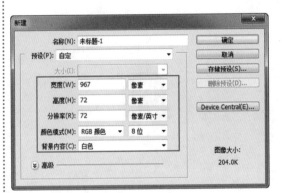

01 执行"文件>新建"命令，在弹出的"新建"对话框中进行相应的设置。

02 新建"图层1"，使用"圆角矩形工具"在画布中绘制路径，然后按快捷键Ctrl+Enter将路径转换为选区。

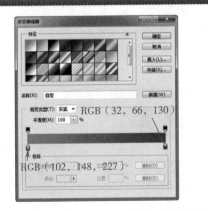

RGB（32，66，130）

RGB（102，148，227）

03 选择"渐变工具"，打开"渐变编辑器"对话框，设置渐变颜色，为选区填充线性渐变，并保留选区。

04 新建"图层2"，执行"选择>修改>收缩"命令，在弹出的"收缩选区"对话框中进行设置。

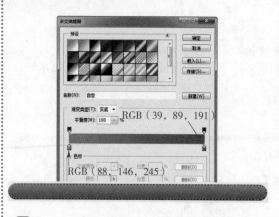

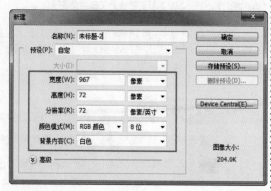

05 选择"渐变工具",打开"渐变编辑器"对话框,设置渐变颜色,为选区填充线性渐变,并保留选区。

06 执行"文件>新建"命令,在弹出的"新建"对话框中对相关参数进行设置。

07 新建"图层1",将"前景色"设置为RGB(29,70,186)。选择"矩形工具",在选项栏上单击"填充像素"按钮,在画布中绘制矩形。

08 执行"编辑>变换>斜切"命令,对图像进行斜切操作。

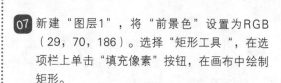

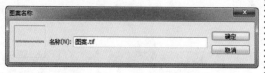

09 将"图层1"复制多个,并依次排列。将相应的图层合并,并删除"背景"图层。

10 执行"编辑>定义图案"命令,在弹出的"图案名称"对话框中进行设置,然后单击"确定"按钮。

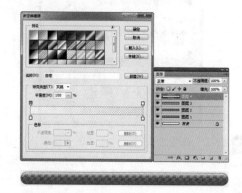

11 返回设计文档中，新建"图层3"，执行"编辑>填充"命令，在弹出的"填充"对话框中进行设置，并保留选区。

12 新建"图层4"，选择"渐变工具"，打开"渐变编辑器"对话框，设置渐变颜色，为选区填充线性渐变。

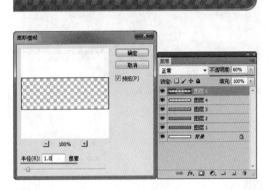

13 新建"图层5"，使用"钢笔工具"在画布中绘制路径，将路径转换为选区，并填充白色，然后取消选区。

14 执行"滤镜>模糊>高斯模糊"命令，在弹出的对话框中进行相应的设置，并设置该图层的"不透明度"为60%。

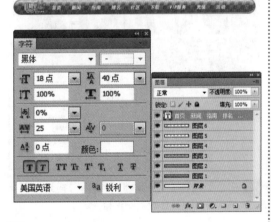

15 打开并拖入素材"光盘\源文件\第5章\素材\501.png"。

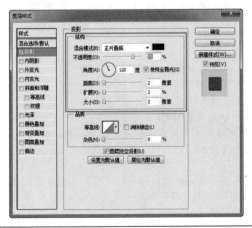

16 选择"横排文字工具"，在"字符"面板中进行相应的设置，然后在画布中输入文字。

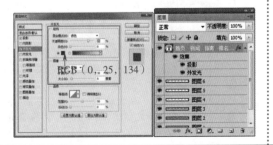

17 为文字图层添加"投影"图层样式，在弹出的
对话框中进行相应的设置。

18 在"图层样式"对话框中选择"外发光"复选
框，并对相关参数进行设置。

19 选择"横排文字工具"，在"字符"面板中对
相关参数进行设置，然后在画布中输入文字。

20 为文字图层添加"渐变叠加"图层样式，在弹
出的对话框中进行相应的设置。

21 在"图层样式"对话框中选择"描边"复选
框，并对相关参数进行设置。

22 使用相同的方法，完成其他文字的制作。

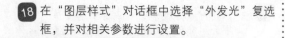

23 完成导航栏的设计制作，得到最终效果。

操作小贴士：

　　使用"填充"命令可以对图像的选区和当前图层进行颜色和图案填充，并在填充的同时设置填
充颜色、图案混合模式及不透明度。在Photoshop中有3种方式填充图案。

　　（1）执行"编辑>填充"命令，在弹出的"填充"对话框中选择相应的图案进行填充。

　　（2）为相应图层添加"图案叠加"图层样式、"图案叠加"图层样式采用了自定义图案来覆盖
图像，可以缩放图案、设置图案的不透明度和混合模式。

　　（3）可以添加"图案填充"图层。"图案填充"图层也是填充图层的一种，它与填充命令的使
用基本相同，都是填充图案，但是它又具备了填充图层特性，不会对图像产生实质性的破坏。

自测27 设计网站弹出广告页面

在我们打开网站时，常会弹出一些小的广告页面，这些广告页面的尺寸较小，设计精美，并且通过弹出的形式引起浏览者的注意，本实例就来设计一个网站弹出广告页面，通过简单的背景与图形相结合，使浏览者能够很快明白广告的主题内容。

请打开源图片

视频地址：光盘\视频\第5章\设计网站弹出广告页面.swf

源文件地址：光盘\源文件\第5章\设计网站弹出广告页面.psd

01 执行"文件>新建"命令，在弹出的"新建"对话框中进行相应的设置。

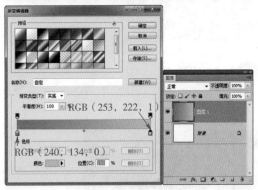

02 新建"图层1"，选择"渐变工具"，打开"渐变编辑器"对话框，设置渐变颜色，在画布中填充线性渐变。

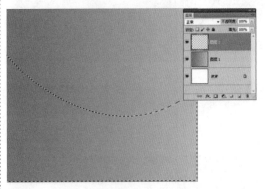

03 新建"图层2"，使用"钢笔工具"在画布上绘制路径，然后按快捷键Ctrl+Enter将路径转换为选区。

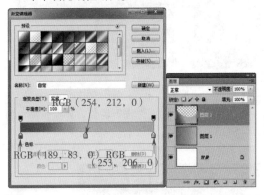

04 选择"渐变工具"，打开"渐变编辑器"对话框，设置渐变颜色，为选区填充线性渐变。

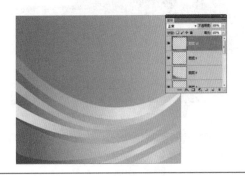

05 按快捷键Ctrl+D，取消选区，可以看到图像的效果。

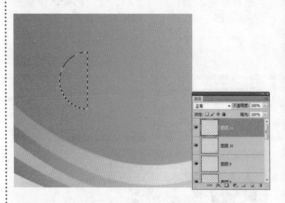

06 使用相同的方法，完成其他相似图像的绘制。

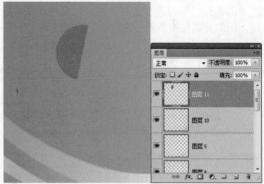

07 新建"图层11"，使用"椭圆选框工具"绘制正圆形选区，然后使用"矩形选框工具"将多余选区删除。

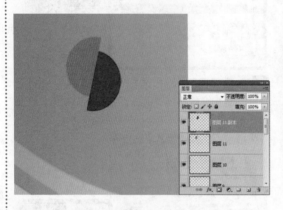

08 为选区填充颜色为RGB（230，120，23），并取消选区。按快捷键Ctrl+T，对图像进行旋转操作。

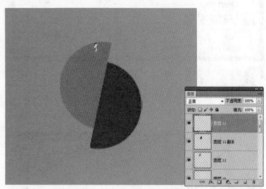

09 复制"图层11"得到"图层11副本"，按快捷键Ctrl+T，对图像进行调整，并填充颜色为RGB（39，23，111）。

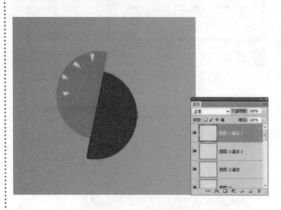

10 新建"图层12"，使用"钢笔工具"在画布中绘制路径，然后将路径转换为选区，并填充颜色RGB（249，249，0）。

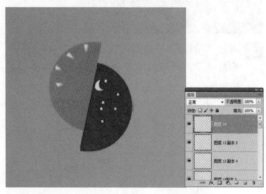

11 按快捷键Ctrl+D取消选区，然后将"图层12"复制多次，并依次调整其位置和大小。

12 使用相同的方法，绘制出相似的图像效果。

13 设置"前景色"为RGB（39，23，111），选择"横排文字工具"，在"字符"面板中对相关参数进行设置，然后在画布中输入文字。

14 使用相同的方法，在画布中输入其他文字内容。

15 同时选中"图层11"、"图层11副本"图层，合并图层得到"4"图层，并调整图层的顺序。

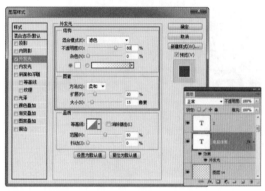

16 为"电脑保姆"图层添加"外发光"图层样式，在弹出的对话框中进行相应的设置。

17 单击"确定"按钮，完成"图层样式"对话框的设置，可以看到文字的效果。

18 使用相同的方法，分别为其他相关图层添加"外发光"图层样式。

19 新建"图层15",使用"矩形选框工具"在画布中绘制矩形选区,并填充颜色为RGB(224,85,23)。

20 使用相同的方法,绘制出相似的图像效果。

21 执行"编辑>变换>斜切"命令,对图像进行适当的斜切操作。

22 新建"图层16",使用"圆角矩形工具"在画布中绘制圆角矩形路径,并将路径转换为选区。

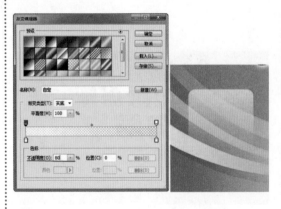

23 选择"渐变工具",打开"渐变编辑器"对话框,设置渐变颜色,为选区填充线性渐变,并取消选区。

24 将"图层16"复制多次,并移至适当的位置。

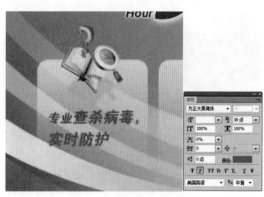

25 拖入相应的素材图像，并分别调整到合适的位置。

26 设置"前景色"为RGB（224，85，23），使用"横排文字工具"在画布中输入文字，并调整部分文字的大小。

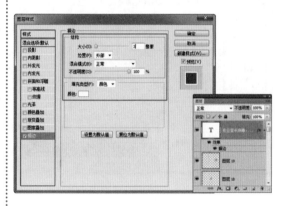

27 为文字图层添加"描边"图层样式，在弹出的"图层样式"对话框中进行相应的设置。

28 单击"确定"按钮，完成"图层样式"对话框的设置，可以看到文字的效果。

29 使用相同的方法，完成其他部分内容的制作。

30 打开并拖入素材"光盘\源文件\第5章\素材\505.png"，并放置到适当的位置。

31 新建"图层21"，使用"圆角矩形工具"在画布中绘制圆角矩形路径，并将路径转换为选区。

32 为选区填充颜色为RGB（204，42，39），然后使用"矩形选框工具"将多余选区删除。

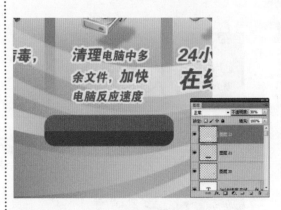

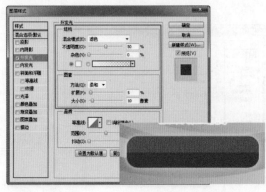

33 新建"图层22"，为选区填充白色，并取消选区，设置该图层的"不透明度"设置为30%。

34 为"图层21"添加"外发光"图层样式，在弹出的对话框中进行相应的设置。

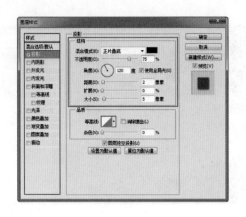

35 设置"前景色"为白色，使用"横排文字工具"在画布中输入文字。

36 为文字图层添加"投影"图层样式，在弹出的对话框中进行相应的设置。

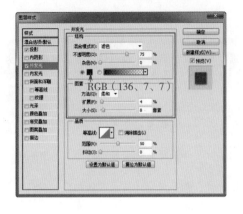

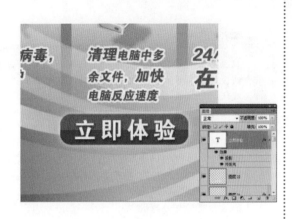

37 在"图层样式"对话框中选择"外发光"复选框，并对相关参数进行设置。

38 单击"确定"按钮，完成"图层样式"对话框的设置。

39 使用相同的方法，绘制出相应的图像并添加图层样式。

40 输入其他文字，并绘制出其他图像。

5

41 完成网站弹出广告页面的设计制作，得到最终效果。

操作小贴士：

在画布中使用选区工具绘制选区时，可以通过其选项栏上的选区运算按钮设置选区创建时的效果，选区的运算方式有"新选区"□、"添加到选区"□、"从选区减去"□、"与选区交叉"□4种，默认选中"新选区"按钮。

· 选中"新选区"按钮，将在画布中直接绘制出一个新的选区。

· 选中"添加到选区"按钮，在画布中绘制选区时，原选区将保留，如果两个选区相交，则将两个选区连接在一起。

· 选中"从选区减去"按钮，在画布中绘制新的选区时，如果新选区与原选区相交，则将相交的选区部分删除，只保留原选区中没有相交的部分。

· 选中"与选区交叉"按钮，在画布中绘制新的选区时，如果新选区与原选区相交，则只保留两个选区相交的部分选区。

第15个小时

在第15个小时我们将学习网页设计实践操作中需要遵守的原则、网页界面的构成要素及具体的布局形式。通过这个小时的学习，在网页设计的过程中，你所掌握的网页设计的基本布局和设计原则会让你在设计的过程中少走弯路，从而有助于你设计出更多有价值的作品。

▲*5.3* 网页界面的设计原则

网页界面作为一种信息传播的载体，不得不遵循一些设计原则。但是由于表现形式的特殊性，网页界面又有其自身的特殊规律性，所以它的设计原则比较特殊，主要有以下几个设计原则。

1. 视觉美观的原则

网页设计首要遵循的原则就是视觉美观的原则，如果一个网站在视觉上给浏览者的不仅是没印象甚至是厌烦，那么这个网页的设计肯定是非常失败的。如何才能给浏览者留下良好的第一感觉呢？网页色彩是十分重要的，其对比和色调的搭配首先要符合人的审美要求，只有这样浏览者才会进一步地关注网页内容，如图5-5所示。

图5-5　视觉美观的网页

2. 为用户考虑的原则

网页设计的服务对象是网站的客户，所以要求设计者时刻站在浏览者的角度来考虑是毋庸置疑的原则。具体从以下几个方面考虑。

➤ 使用者优先观念

无论什么时候，都应该有一个信念，就是使用者优先。使用者想要什么，设计者就应该去做什么。因为没有浏览者光顾的网页，就算是再好的网页也是没有价值的。

➤ 考虑用户的浏览器

如果想要让所有的用户都可以顺畅地浏览页面，那么最好使用所有浏览器可以阅读的格式，不要使用只有部分浏览器可以支持的HTML格式或程序。

➤ 考虑用户的网络连接

还需要考虑用户的网络连接，浏览者可能使用ADSL、高速专线或小区光纤，但还有一部分用户使用56KB Modem上网。所以在进行网页设计时必须考虑各种情况，不要放置一些文件量很大、下载时间很长的内容。

3. 主题突出的原则

网页设计的目的就是实现信息的传递，所以必须有明确的主题，并按照视觉心理特征和形式将主题准确地传达给浏览者，从而满足浏览者的需求。这就要求网页视觉设计不仅要简单、明了、清晰和准确，而且在突出艺术的同时，更应该注重视觉的冲击力和独特的风格，从而更加突出主题。优秀的网页设计必然服务于网站的主题，也就是说什么样的网站就应该有什么样的设计，如图5-6所示。

图5-6 突出设计主题的网页界面

4. 整体原则

网页的整体性包括内容和形式上的整体性，这里主要讨论设计形式上的整体性。

网页是信息传播的载体，它以满足人们的实用和需求为目标。设计时强调其整体性，可以使浏览者更快捷、更准确、更全面地认识并掌握它，并给人一种内部联系紧密、外部和谐的美感。整体性也是体现一个站点独特风格的重要手段之一。

网页是由各个视听要素共同组成的。设计时强调页面各组成部分的共性因素或者使各个部分共同含有某种形式特征，是形成整体性的常用方法。例如，在版式上要对各个要素做全面的考虑，以周密的组织和精确的定位来获得页面的层次感和秩序感，一个网页的设计通常只使用2~3种标准色，还要注意色彩的搭配要与整体相和谐；对于分页的长网页，不能设计完第一页，再去考虑下一页。同样，整个网页内部的界面应该统一规划、风格一致，让浏览者能够清楚网页所要表达的内容，如图5-7所示。

图5-7 以整体设计的网页

从某种意义上讲，强调网页结构形式的视觉整体性必然会牺牲灵活的多变性，因此在强调网页整体性的同时，还要注意一点，如果过于强调整体性可能会使网页呆板、没有活力、沉闷，所以这里的"整体"是在"多变"基础上的整体。

5. 内容与形式相统一的原则

任何设计都离不开内容和形式。网页设计也不例外，设计内容是指其标志、主题、图像、形象、文字题材等要素的总和，而形式是它的结构、整体风格等表现方式。一个完美的网页必然是形式和内容相统一。

一方面，网页设计所追求的形式美必须符合主题的需要，这是网页设计的前提。只追求花哨的表现过于强调"独特设计风格"而脱离内容，或者只追求内容而缺乏艺术的表现形式，网页设计都会变得空乏无力。只有将这两者有机地统一起来，才能体现网页设计独具的分量和特有的价值。

另一方面，要确保网页上的每个元素都有存在的必要性，不要为了表现设计者的高超技术，使用过多没有必要的技术，否则得到的效果可能会适得其反。

网页具有多屏、分页、嵌套等特性，这就要求设计在注意单个页面形式与内容统一的同时，不能忽视同一主题下多个分页面组成的整体网站的形式与内容的统一，如图5-8所示。

图5-8　内容与形式的统一

6. 更新和维护的原则

适时对网页进行内容或形式上的更新是保持网站鲜活的重要手段，长期没有更新的网站是不会再有浏览者去看的。如果想要经营一个即时性质的网站，除了要注意内容外，资料也要每日更新，还要考虑事后维护管理的问题。设计一个网页可能比较简单，但维护管理的各项事务比较烦琐，这项工作往往重复而死板，不过千万不能不做这项工作，因为维护管理是网站后期运行最为重要的工作之一。

▲ *5.4* 网页界面的构成元素

网页版面也称页面的构图。与四大传统媒体相比，网页除了包括文字和图像以外，还包括动画、声音和视频等多媒体元素，更是有代码语言编程实现了各种交互效果。

1. 文字

文字是组成网页界面的主体部分。从网页界面最初的纯文字发展至今还在使用它，可见其地位的重要性。这首先是因为文字信息符合人们的阅读习惯，其次是因为文字所占的存储空间很小，节省了下载和浏览的时间。

网页中的文字主要包括标题、正文、信息、文字链接等几种形式，标题是对内容的简单概括，一般比较醒目，字号比较大。而正文是占据页面重要比率的元素，同时又是信息的重要载体，其字体、大小、颜色和排列方式对页面整体设计的影响较大，如图5-9所示。

图5-9 以文字为主的网页设计

2. 图像

图像在网页设计中具有很重要的作用，图像的加入为网页界面带来了更为直观的表现形式。在很多网页中，图像占据了界面的大部分空间甚至是整个界面。图像能够吸引人们的眼球，并激发浏览者的阅读兴趣，图像给人的感官刺激要优于文字，合理恰当地运用图像，可以丰富页面，也可以生动、直观地表现设计主题，如图5-10所示。

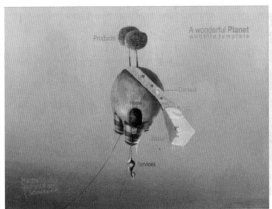

图5-10 以图像为主的网页设计

网页中常见的图像格式有JPG、GIF、PNG、SVG等，其中JPG和GIF在网页中是很受欢迎的图像格式，它们的图像压缩比较高，磁盘空间占用小，能够得到规范浏览器的支持，下载速度快，还具有跨平台的特性，所以无须浏览器安装插件即可直接阅读。网页中的元素包括背景、主体图片、标题图、链接图标等。

3. 多媒体

网页构成中的多媒体元素主要包括动画、声音和视频，这些都是网页中最具吸引力的元素，但是网页不能只顾炫耀页面的高科技化，还是要以内容为主，技术应该为信息的更好传达服务，如图5-11所示。

图5-11　以多媒体为主的网页界面

4. 色彩

　　色彩不像文字图像和多媒体等元素那样直观、形象，但是可以为浏览者带来不同的视觉和心理感受。网页类型不同，颜色定位也不同，需要设计者有很好的色彩基础，根据一定的配色标准反复实践、感受后才可以使用。例如，与爱情交友相关的网页可以使用粉红色、淡紫色和桃红色等，让人感觉可爱、甜美和纯真；与手机数码产品相关的网页可以使用蓝色、紫色、灰色等体现时尚感的颜色，让人感觉时尚、大方、具有时代感，如图5-12所示。

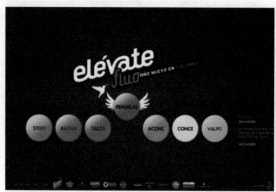

图5-12　色彩在网页设计中的应用

▲ *5.5* 网页界面的布局形式

　　网页界面的设计主要分为单页和分栏两种，在设计时大家要根据不同的网页性质和页面内容选择合适的布局形式，页面布局形式大体可分为以下几种类型：

1. 标题型

　　它的表现形式是网页上面是标题，下面是文字部分，一些公司简介、注册页面多属于这种类型，如图5-13所示。

图5-13 标题型网页界面

2. 左右框架型

这是一种分为左右布局的网页，页面结构非常清楚，让人一目了然，如图5-14所示。

图5-14 左右框架型网页界面

3. 上下框架型

同左右框架型相似，不同之处在于上下框架型是把网页分为了上下结构的布局，如图5-15所示。

图5-15 上下框架型网页界面

4. 综合型

综合型网页是一种比较全面的布局方式，它是左右框架型与上下框架型相结合的表现，如图5-16所示。

图5-16　综合型网页界面

5. 动画型

动画型是现在非常常见的一种网页设计表现形式，主要指的是Flash，它能让表达的信息更加直观、形象且具有良好的视觉效果，如图5-17所示。

图5-17　动画型网页界面

6. 图片型

这种类型的网页设计，给人感觉形象、直观，很精美，通常出现在服装类网页、时尚类网页或是企业网站，其优点是非常醒目、美观、视觉感染力强，缺点是下载的速度慢，如图5-18所示。

图5-18　图片型网页界面

设计美食饮品网站页面.swf

设计美食饮品网站页面.psd

自我检测

　　进一步了解了网页设计的相关知识后，我们可以试着自己动手设计网页了。下面就开始付诸于行动吧！只有把学到的知识灵活地运用到实践过程中，才能算是真正掌握了。那么你真正掌握了吗？让接下来的操作去检验吧！接下来给出1个案例，它是一个美食饮品网站页面的设计，预览一下，考查一下自己是不是可以设计出这样的作品。

自测28　设计美食饮品网站页面

　　本实例设计一个美食饮品网站页面，使用绿色作为页面的主色调，清新的绿色和天空的湛蓝相映衬，表现出自然、健康，还运用了一些外部笔刷的特效来增加画面的整体效果，给人以清新、靓丽的感觉，下面来解析本实例的具体制作方法。

请打开源图片

　　视频地址：光盘\视频\第5章\设计美食饮品网站页面.swf

　　源文件地址：光盘\源文件\第5章\设计美食饮品网站页面.psd

01 执行"文件>新建"命令，在弹出的"新建"对话框中进行相应的设置。

02 打开并拖入素材"光盘\源文件\第5章\素材\506.png"。

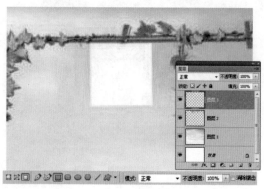

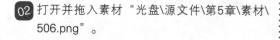

03 使用相同的方法，拖入其他素材。

04 新建"图层3"，设置"前景色"为白色，然后使用"矩形工具"在画布中绘制矩形。

05 复制"图层3"得到"图层3副本",为该图层
填充黑色,并将其进行适当旋转,然后设置其
"不透明度"为60%,并调整图层的顺序。

06 打开并拖入相应的素材文件,放置到适当的位
置。

07 使用相同的方法,完成其他部分内容的制作。

08 拖入相应的素材文件,并设置其"混合模式"
为"正片叠底"。

09 为"图层10"添加图层蒙版,在图层蒙版中填
充黑白线性渐变。

10 打开并拖入相应的素材文件,放置到适当的位
置。

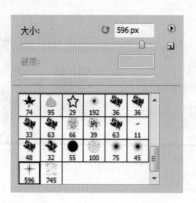

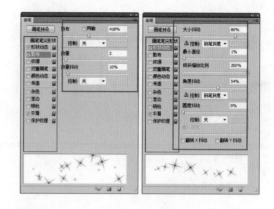

11 选择"画笔工具",打开"画笔预设"选取器,载入外部画笔"光盘\源文件\第5章\素材\笔刷01.abr"。

12 打开"画笔"面板,对相关参数进行设置。

13 新建"图层14",使用"画笔工具"在画布中进行绘制。

14 新建"图层15",使用"矩形选框工具"在画布中绘制矩形选区。

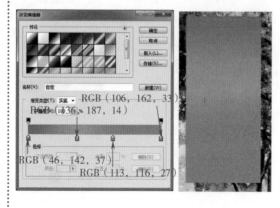

RGB (106, 162, 33)

RGB (136, 187, 14)

RGB (46, 142, 37)

RGB (113, 116, 27)

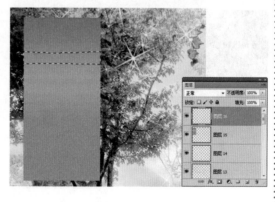

15 选择"渐变工具",打开"渐变编辑器"对话框,设置渐变颜色,为选区填充线性渐变。

16 新建"图层16",使用"钢笔工具"在画布中绘制路径,并将路径转换为选区。

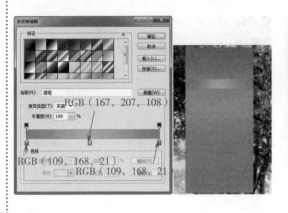

17 选择"渐变工具",打开"渐变编辑器"对话框,设置渐变颜色,为选区填充线性渐变。

18 打开并拖入相应的素材文件,放置到适当的位置。

19 选择"横排文字工具",在"字符"面板中进行设置,然后在画布中输入文字。

20 使用相同的方法,完成其他部分内容的制作。

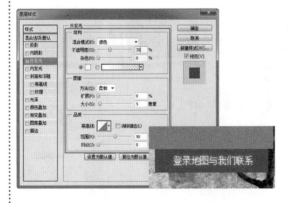

21 为该文字图层添加"外发光"图层样式,在弹出的对话框中进行相应的设置。

22 新建"图层19",设置"前景色"为白色,然后使用"圆角矩形工具"在画布中进行绘制,并设置其"不透明度"为89%。

23 使用相同的方法，完成其他部分内容的制作。

24 使用相同的方法，完成其他部分内容的制作。

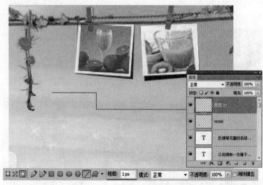

25 新建"图层27"，设置"前景色"为RGB
（179，179，179），使用"圆角矩形工具"
在画布中进行绘制，然后输入相应的文字，并
将两个图层合并。

26 新建"图层27"，设置"前景色"为RGB
（125，125，125），使用"直线工具"，按
住Shift键在画布中绘制直线。

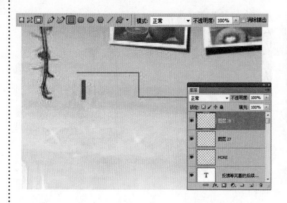

27 新建"图层28"，设置"前景色"为RGB
（255，61，1），使用"矩形工具"在画布
中进行绘制。

28 执行"编辑>变换>斜切"命令，对其进行适
当的斜切操作，并输入相应的文字。

㉙ 使用相同的方法，完成其他部分内容的制作。　㉚ 完成页面的设计制作，得到最终效果。

操作小贴士：

　　在"图层"面板中有两个控制图层不透明度的选项："不透明度"和"填充"。

　　"不透明度"用于控制在图层、图层组中绘制的像素和形状的不透明度，如果对图层应用了图层样式，则图层样式的不透明度也会受到影响。

　　"填充"只影响图层中绘制的像素和形状的不透明度，不会影响图层样式的不透明度。

　　在使用除画笔、图章、橡皮擦等绘画和修饰工具以外的工具时，按键盘中的数字键即可快速修改图层的不透明度。例如，按下"5"，不透明度会变为50%；按下"0"，不透明度会恢复为100%。

第16个小时

　　在Photoshop中灵活地运用图层蒙版与剪切蒙版，对作品的制作有着至关重要的作用。在接下来的1个小时中，将分别介绍图层蒙版与剪蒙版的原理与应用。

▲ *5.6* 图层蒙版的原理与应用

　　图层蒙版是Photoshop中很重要的一个功能，它就像给图层上面覆盖一层玻璃片，然后用各种绘图工具在玻璃片上（即蒙版上）涂色（只能涂黑白灰色），涂黑色的地方蒙版变为不透明，看不见当前图层的图像，涂白色则使涂色部分变为透明，可看到当前图层上的图像，涂灰色使蒙版变为半透明，透明的程度由涂色的灰度深浅决定。其最大的优点是在显示或隐藏图像时，所有操作均在图层蒙版中进行，不会影响图层中的像素。

1. 创建图层蒙版

　　创建图层蒙版的方式有以下3种：①创建白蒙版，直接单击"添加图层蒙版"按钮即可完成操作。②创建黑蒙版，只需要按住Alt键单击"添加图层蒙版"按钮，即可创建黑色蒙版。③创建选区蒙版，建立选区，单击"添加图层蒙版"按钮便能完成操作。

　　下面进行创建图层蒙版的操作，首先打开素材图像，如图5-19所示，然后选择相应的图层，如图5-20所示。

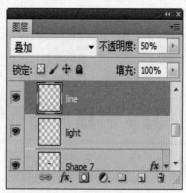

图5-19　素材图像　　　　　图5-20　"图层"面板

接着将素材图像放大，如图5-21所示。在"图层"面板中单击"添加图层蒙版"按钮，即可创建图层蒙版，并为蒙版填充黑白线性渐变，如图5-22所示。

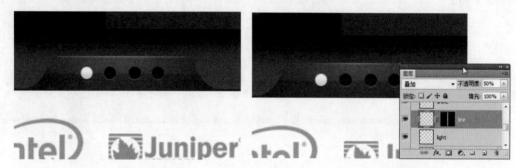

图5-21　图像效果　　　　　　图5-22　图像效果

2. 编辑图层蒙版

在"图层"面板中单击蒙版缩览图将其选中后，才能对其进行操作。

打开素材图像，如图5-23所示。使用"矩形选框工具"在图像中绘制矩形选区，按快捷键Ctrl+J，复制选区中的图像得到"图层1"，如图5-24所示。

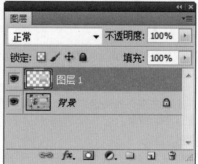

图5-23　素材图像　　　　　图5-24　"图层"面板

执行"编辑>变换>垂直翻转"命令，对其进行垂直翻转，并移动到合适的位置，如图5-25所示。为其添加蒙版，确认蒙版处于选中状态，然后使用"画笔工具"在画布中进行涂抹，如图5-26所示。

图5-25 图像效果

图5-26 "图层"面板

3. 启用与停用图层蒙版

图层蒙版和其他蒙版一样，也可显示或隐藏。下面为读者提供3种启用/停用图层蒙版的方式：

（1）打开"图层"面板，在按住Shift键的同时单击蒙版缩览图，即可停用图层蒙版；直接单击停用的图层蒙版，即可启用图层蒙版。

（2）选择蒙版缩览图，右击，在弹出的菜单中选择"停用图层蒙版"或"启用图层蒙版"命令，即可启用或停用图层蒙版，如图5-27所示。

（3）执行"图层>图层蒙版"命令，在其子菜单中选择"停用"或"启用"命令，即可启用或停用图层蒙版，如图5-28所示。

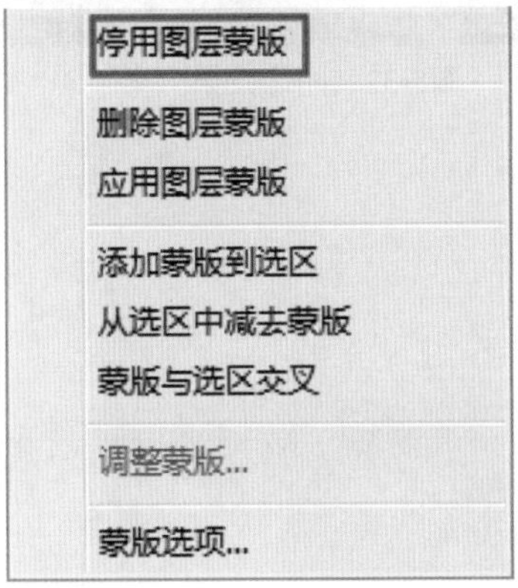

图5-27 使用快捷菜单

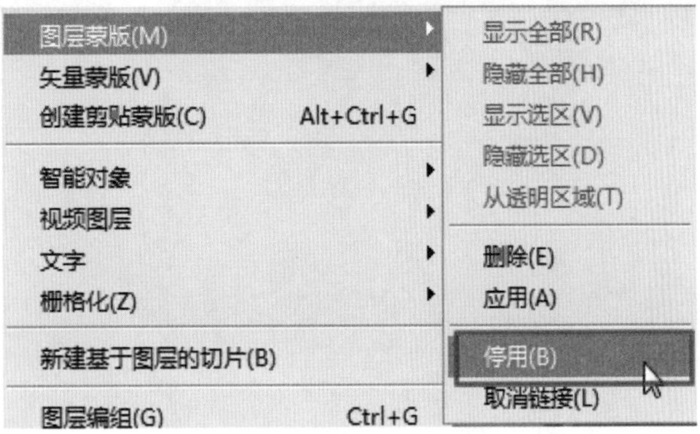

图5-28 使用命令

▲ *5.7* 剪贴蒙版的原理与应用

剪贴蒙版由两部分组成，即基层与内容层。基层位于整个剪贴蒙版的底部，而内容层位于剪贴蒙版中基层的上方。剪贴蒙版可使某个图层的内容遮盖其上方的图层，遮盖效果由底部图层或基底层决定，下面进行实际应用。

打开素材图像，如图5-29所示。新建"图层 2"，使用"椭圆选框工具"为选区填充白色，如图5-30所示。

图5-29　素材图像

图5-30　填充选区

置入相应的素材图像，并将其栅格化，如图5-31所示。按住Alt键，在"图层 2"和"图层 3"的分隔线上单击，即可创建剪贴蒙版。也可以执行"图层>创建剪贴蒙版"命令进行创建，效果如图5-32所示。

图5-31　栅格化图像

图5-32　图像效果

🎬 设计咖啡馆网站页面.swf

🖼 设计咖啡馆网站页面.psd

自我检测

　　学习了有关Photoshop中图层蒙版与剪切蒙版的应用后，我们基本上可以应用所学到的网页设计知识和Photoshop的相关知识对网页进行具体操作了。接下来给出1个案例，它是有关咖啡馆的网页页面的设计，对于设计这类网页界面，我们应该如何着手呢？在接下来的学习中会让你的思路清晰起来，赶快行动吧！

自测29　设计咖啡馆网站页面

　　本实例设计咖啡馆网站页面，运用咖啡色作为页面的主色调，契合了网站的主题内容，同时能够给人一种温暖、舒适的感受，再搭配与咖啡相关的素材图像，整个页面给人以舒适、惬意、自然的感觉，下面来完成咖啡网站页面的设计。

请打开源图片

　　视频地址：光盘\视频\第5章\设计咖啡馆网站页面.swf

　　源文件地址：光盘\源文件\第5章\设计咖啡馆网站页面.psd

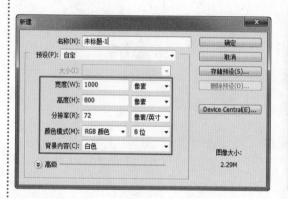

01 执行"文件>新建"命令，在弹出的"新建"对话框中进行相应的设置。

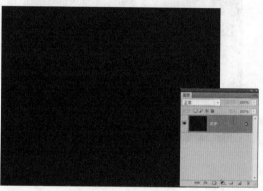

02 设置"前景色"为RGB（47，23，0），为画布填充前景色。

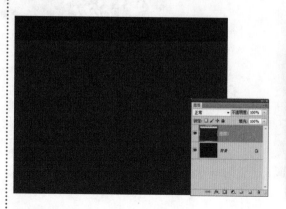

03 新建"图层1"，在画布中绘制矩形选区，并填充颜色为RGB（64，45，0）。

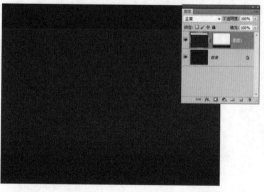

04 为"图层1"添加图层蒙版，在图层蒙版中填充黑白线性渐变。

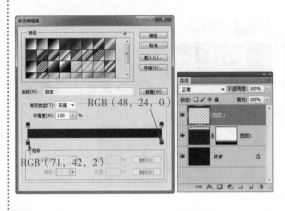

RGB（48，24，0）

RGB（71，42，2）

05 新建"图层2"，在画布中绘制矩形选区，然后选择"渐变工具"，打开"渐变编辑器"对话框，设置渐变颜色，为选区填充线性渐变。

06 按快捷键Ctrl+D取消选区，可以看到图像的效果。

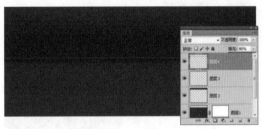

07 新建"图层3"，设置"前景色"为RGB（84，49，0），使用"直线工具"在画布中进行绘制。

08 新建"图层4"，根据"图层2"的制作方法，完成"图层4"的制作，并设置其"填充"为80%。

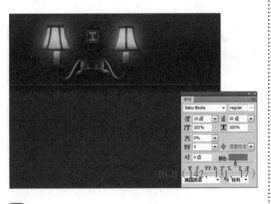

09 打开并拖入素材"光盘\源文件\第5章\素材\532.png"，并放置到适当的位置。

10 设置"前景色"为RGB（187，160，89），选择"横排文字工具"，在"字符"面板中进行设置，然后在画布中输入文字。

 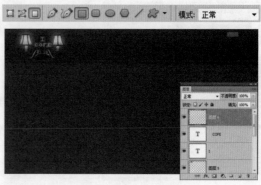

11 使用相同的方法，完成其他部分内容的制作。

12 新建"图层6"，设置"前景色"为RGB（202，67，25），使用"矩形工具"在画布中绘制一个矩形。

 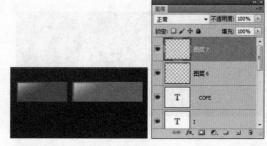

13 在画布中绘制矩形选区，然后选择"渐变工具"，打开"渐变编辑器"对话框，设置渐变颜色，为选区填充线性渐变。

14 新建"图层7"，使用相同的方法，完成其他相似内容的制作。

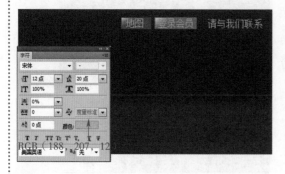 

15 设置"前景色"为RGB（188，207，12），选择"横排文字工具"，在"字符"面板中进行设置，然后在画布中输入文字。

16 使用相同的方法，完成其他部分内容的制作。

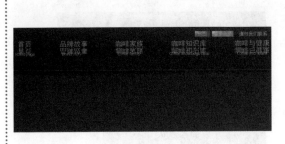

17 复制"首页…"图层得到"首页…副本"图层，执行"编辑>变换>垂直翻转"命令，并将其移至适当的位置。

18 为该图层添加图层蒙版，在图层蒙版中填充黑白线性渐变。

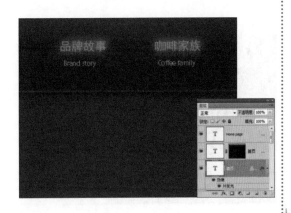

19 为"首页…"图层添加"外发光"图层样式，并对相关参数进行设置。

20 单击"确定"按钮，完成"图层样式"对话框的设置。

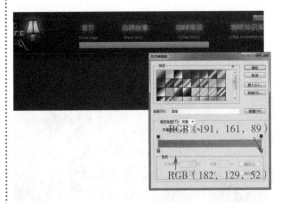

21 新建"图层8"，在画布中绘制矩形选区，然后选择"渐变工具"，设置渐变颜色，为选区填充线性渐变。

22 选择"横排文字工具"，在"字符"面板中进行设置，然后在画布中输入文字，并改变部分文字的颜色。

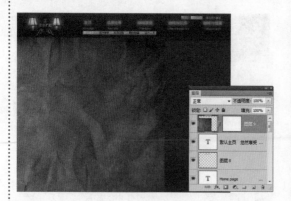

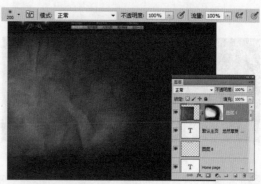

23 打开并拖入素材"光盘\源文件\第5章\素材\
533.png",并为该图层添加图层蒙版。

24 设置"前景色"为黑色,选择"画笔工具",
在选项栏上对相关参数进行设置,然后在蒙版
中进行绘制。

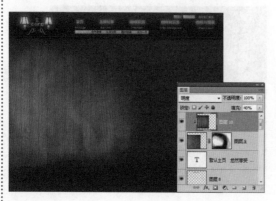

25 打开并拖入素材"光盘\源文件\第5章\素材\
534.png",执行"图层>创建剪贴蒙版"命
令,并设置其"混合模式"为"明度"、"填
充"为40%。

26 选择"横排文字工具",在"字符"面板中进
行相应的设置,然后在画布中输入文字,并将
文字进行适当的旋转。

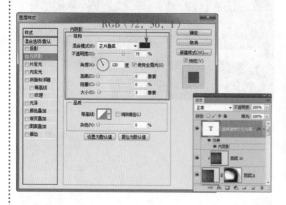

27 为文字图层添加"内阴影"图层样式,在弹出
的对话框中进行相应的设置。

28 单击"确定"按钮,完成"图层样式"对话框
的设置。

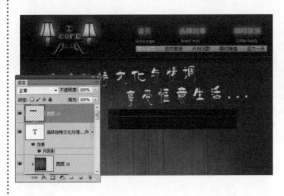

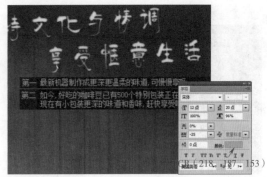

29 新建"图层11"，根据"图层6"的绘制方法，完成其他部分内容的绘制。

30 选择"横排文字工具"，在"字符"面板中进行设置，然后在画布中输入文字，并改变部分文字的颜色。

31 打开并拖入素材"光盘\源文件\第5章\素材\535.png"。

32 使用相同的方法，拖入其他素材并分别进行调整。

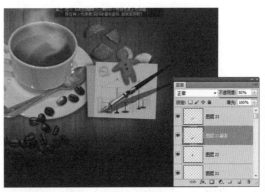

33 复制"图层23"得到"图层23副本"，执行"编辑>变换>斜切"命令，对其进行斜切操作。

34 载入"图层23副本"选区，填充黑色，并调整图层的顺序，设置其"不透明度"为50%。

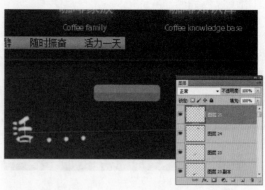

35 新建"图层24",设置"前景色"为RGB（152，129，58），然后使用"圆角矩形工具"在画布中绘制圆角矩形。

36 新建"图层25",载入"图层24"选区,然后使用"矩形选框工具"将多余选区删除,并填充颜色为RGB（173，150，79）。

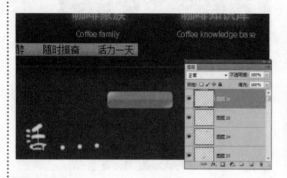

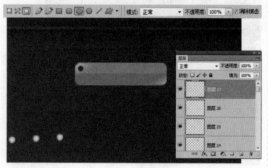

37 新建"图层26",使用相同的方法,绘制出高光的效果。

38 新建"图层27",设置"前景色"为RGB（62，36，2）,然后选择"椭圆工具",按住Shift键在画布中绘制正圆。

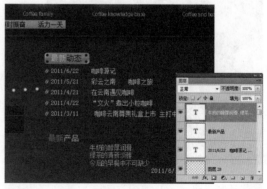

39 将"图层27"复制多次,分别移至适当的位置,并输入文字。

40 使用相同的方法,完成其他部分内容的制作。

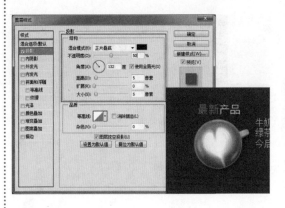

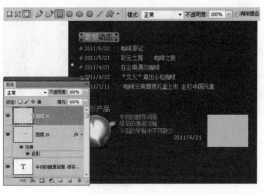

41 打开并拖入素材"光盘\源文件\第5章\素材\548.png",为其添加"投影"图层样式,并对相关参数进行设置。

42 新建"图层30",设置"前景色"为RGB(255,215,70),然后使用"矩形工具"在画布中绘制矩形。

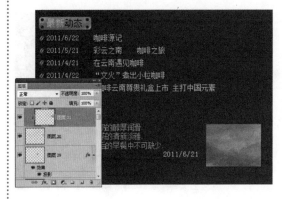

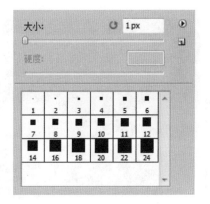

43 打开并拖入素材"光盘\源文件\第5章\素材\549.png",执行"图层>创建剪贴蒙版"命令。

44 新建"图层32",选择"画笔工具",在选项栏上打开"画笔预设"选取器,载入"方头画笔"。

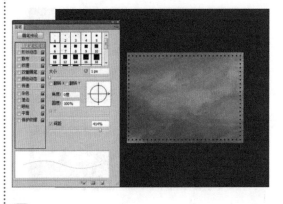

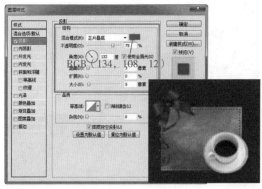

45 设置"前景色"为RGB(64,45,0),打开"画笔"面板,对相关参数进行设置,然后在画布中进行绘制。

46 拖入相应的素材图像,并为其添加"投影"图层样式。

47 使用相同的方法，输入文字，并为相应文字添加"描边"图层样式。

48 打开并拖入素材"光盘\源文件\第5章\素材\552.png"。

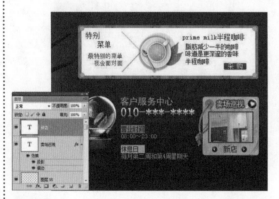

49 使用相同的方法，完成其他部分内容的制作。

50 打开并拖入素材"光盘\源文件\第5章\素材\563.png"。

51 选择"横排文字工具"，在"字符"面板中进行相应的设置，然后在画布中输入文字，并改变部分文字的颜色。

52 完成咖啡馆网站页面的制作，得到最终效果。

操作小贴士：

　　"明度"混合模式在Photoshop中属于色彩模式。在色彩模式组中包括4种混合模式，分别为色相模式、饱和度模式、颜色模式和明度模式。通过使用不同的混合模式可以达到不同的图像混合效果。其中，"明度"混合模式是用基色的色相、饱和度以及混合色的明亮度来创建结果色。此模式的效果与"颜色"模式相反。将当前图层的亮度应用于下面图层图像的颜色中，可改变下面图层图像的亮度，但不会对其色相与饱和度产生影响。

第17个小时

　　在第17个小时里，我们将介绍与通道相关的知识，如通道的类型、如何对通道进行操作以及通道与选区的关系。在Photoshop中把通道运用好，在处理图像、制作网页时会给你提供很多便捷、好用的方法。

▲ 5.8　通道的类型

　　通道是存储不同类型信息的灰度图像，是独立的原色平面，是合成图像的成分，用来存放图像的颜色信息以及存储和创建选区。在Photoshop中有4种通道类型：复合通道、颜色通道、专色通道和Alpha通道。

1. 复合通道

　　复合通道是同时预览并编辑所有颜色通道的一个快捷方式，通常被用来在单独编辑完一个或多个颜色通道后，使"通道"面板返回到它的默认状态，不包含任何信息。

2. 颜色通道

　　颜色通道是在新建或打开图像时自动创建的，记录了图像的颜色信息。图像的颜色模式决定了颜色通道的数量。

　　例如，在RGB图像的"通道"面板中可以看到R（红色）、G（绿色）、B（蓝色）和用于编辑图像的RGB复合通道；在CMYK图像的"通道"面板中可以看到C（青）、M（洋红）、Y（黄）、K（黑）和一个CMYK复合通道；Lab图像包含明度、a、b和一个复合通道，位图、灰度、双色调和索引颜色图像都只有一个通道，如图5-33所示。

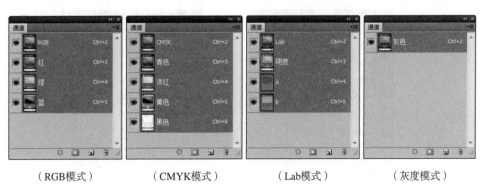

（RGB模式）　　　　　（CMYK模式）　　　　　（Lab模式）　　　　　（灰度模式）

图5-33　不同图像模式的"通道"面板

3. 专色通道

　　专色通道，顾名思义，是一种特殊的通道，专门用来存储专色。专色用于替代或补充一些无法通过CMYK四色混合出来的油墨，如金属质感的油墨、荧光油墨等。

4. Alpha通道

Alpha通道与颜色通道不同，用来保存选区，可以将选区存储为灰度图像，但不会直接影响图像的颜色。

Alpha通道的白色区域是被选择的区域，黑色区域是未被选择的区域，灰色代表了被部分选择的区域，即羽化的区域。

▲*5.9* 新建与编辑通道

通过上面的介绍，相信大家对通道已经有了基本的了解，接下来我们一起来熟悉通道的基础操作。

1. 新建通道

Photoshop里面有一个专门的"通道"面板，在"通道"面板中对通道进行操作十分简单，新建"通道"就像在"图层"面板中创建新图层一样。下面详细介绍各种通道的创建方法：

（1）利用"将选区存储为通道"按钮创建通道

打开素材图像，如图5-34所示。执行"窗口>通道"命令，打开"通道"面板，利用"色彩范围"命令在图像中创建选区，如图5-35所示。

图5-34　素材图像　　　　　　　　　　　图5-35　创建选区

单击"通道"面板底部的"将选区存储为通道"按钮，如图5-36所示，即可创建一个Alpha1通道，如图5-37所示。

图5-36　单击"将选区存储为通道"按钮　　图5-37　创建Alpha1通道

（2）利用"创建新通道"按钮创建通道

单击"通道"面板底部的"创建新通道"按钮，新建一个Alpha 2通道，"通道"面板如图5-38所示。

图5-38　创建Alpha 2通道

（3）利用"通道"面板命令创建通道

单击"通道"面板右上角的小三角按钮，在弹出的菜单中选择"新建通道"命令，如图5-39所示。此时会弹出"新建通道"对话框，单击"确定"按钮，即可创建一个新通道，如图5-40所示。

图5-39　"通道"面板菜单

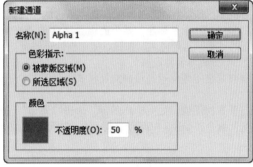

图5-40　"新建通道"对话框

（4）创建专色通道

单击"通道"面板右上角的小三角按钮，在弹出的菜单中选择"新建专色通道"命令，如图5-41所示。此时会弹出"新建专色通道"对话框，如图5-42所示，单击"确定"按钮，即可创建一个专色通道。

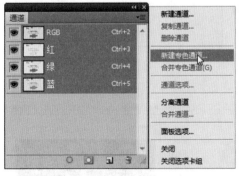

图5-41　选择"新建专色通道"命令

图5-42　"新建专色通道"对话框

2. 编辑通道

在对图像进行处理时，经常会对通道进行编辑操作，如复制或删除通道等，接下来系统地学习一下这方面的知识。

（1）复制通道

在"通道"面板中选择要复制的通道，如图5-43所示。将其拖曳到面板底部的"创建新通道"按钮上，即可复制所选通道，如图5-44所示。

图5-43　选择"蓝"通道　　　　　图5-44　复制通道

（2）删除通道

在Photoshop中，通道越多，文件所占的空间越大，因此，应该将不需要的通道尽量删除，以节省磁盘的空间。如果需要删除某个通道，只需在"通道"面板中选择要删除的通道，然后单击"通道"面板底部的"删除当前通道"按钮，即可删除该通道。

（3）分离与合并通道

当需要在不能保留通道的文件格式中保留某个通道信息时，可以使用"分离通道"命令将其分离成单独的图像。

打开素材图像，如图5-45所示。单击"通道"面板右上角的小三角按钮，在弹出的菜单中选择"分离通道"命令，如图5-46所示，即可将RGB彩色图像分离成3个独立的灰度文件，如图5-47所示。

图5-45　素材图像　　　　　　　图5-46　选择"分离通道"命令

（红）　　　　　　　　　　（绿）　　　　　　　　　　（蓝）

图5-47　分离通道

分离通道与颜色模式也有关系，当图像模式为RGB时，分离后会得到3个灰度图像。如果图像模式为CMYK，分离通道时会有4个灰度图像。

将分离的通道进行合并，在"通道"面板中打开"通道"面板菜单，选择"合并通道"命令，即可弹出"合并通道"对话框，设置参数如图5-48所示。单击"确定"按钮，弹出"合并RGB通道"对话框，如图5-49所示，单击"确定"按钮即可完成通道的合并。

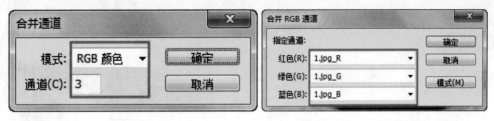

图5-48　"合并通道"对话框　　　　　图5-49　"合并RGB通道"对话框

▲ 5.10 通道与选区的关系

选区与Alpha通道之间具有相互依存的关系。Alpha通道具有存储选区的功能，以便于调出选区。

执行"选择>存储选区"命令或单击"通道"面板上的"将选区存储为通道"按钮，可以将选区转换成Alpha通道。

按住Ctrl键单击Alpha通道调出其存储的选择区域，Alpha通道中的白色区域就是选区所选择的区域。

设计汽车俱乐部网站页面.swf

设计汽车俱乐部网站页面.psd

自我检测

　　在刚刚结束的一个小时里我们学习了有关通道的应用，在前面的3个小时里我们基本上了解了与网页相关的知识以及蒙版的运用，下面用在这4个小时里所学到的网页设计知识和Photoshop的相关知识去设计制作网页，你会发现网页的设计其实并没有最初想象的那么难，让我们一起继续练习吧！

自测30 设计汽车俱乐部网站页面

本实例设计汽车俱乐部网站页面，整个网页页面以褐色为主色调，主题字的色彩运用鲜明，以达到和谐、均衡和突出重点的目的，文字与图片的组合具有空间感，整个网页页面不仅有和谐的美感，而且有较强的视觉效果。

请打开源图片

🎬 视频地址：光盘\视频\第5章\设计汽车俱乐部网站页面.swf

🖼 源文件地址：光盘\源文件\第5章\设计汽车俱乐部网站页面.psd

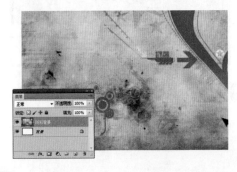

01 执行"文件>新建"命令，在弹出的"新建"对话框中进行相应的设置。

02 打开并拖入素材"光盘\源文件\第5章\素材\564.jpg"。

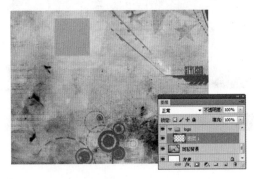

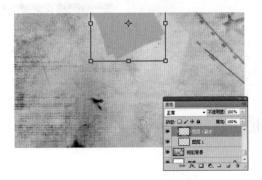

03 新建"logo"图层组，在该图层组中新建"图层1"，设置"前景色"为RGB（218，192，165），然后使用"矩形工具"在画布中绘制矩形。

04 复制"图层1"得到"图层1副本"，并分别进行相应的旋转操作。

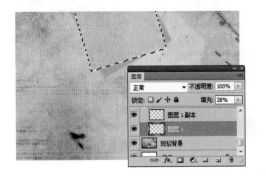

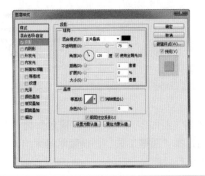

05 选择"图层1副本",载入"图层1"选区,按Delete键删除选区中的图像,并设置"图层1"的"填充"为28%。

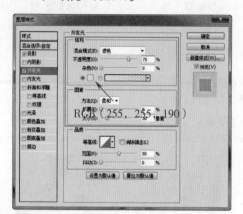

RGB（255，255，190）

06 为"图层1"添加"投影"图层样式,在弹出的对话框中对相关参数进行设置。

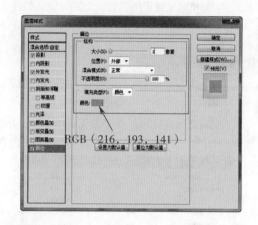

RGB（216，193，141）

07 选择"外发光"复选框,对相关参数进行设置。

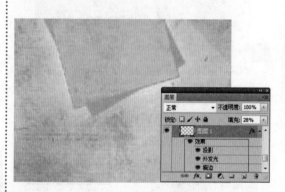

08 选择"描边"复选框,对相关参数进行设置。

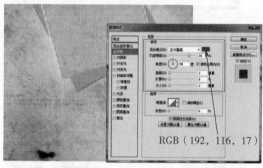

RGB（192，116，17）

09 完成"图层样式"对话框的设置,可以看到图像效果。

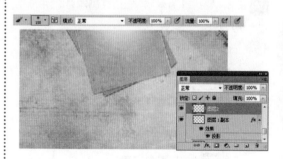

10 为"图层1副本"添加"投影"图层样式,并对相关参数进行设置。

RGB（151，100，11）

11 新建"图层2",设置"前景色"为白色,然后选择"画笔工具",设置笔触大小,在画布中进行绘制。

12 选择"横排文字工具",在"字符"面板中对相关参数进行设置,然后在画布中输入文字。

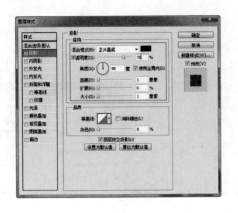

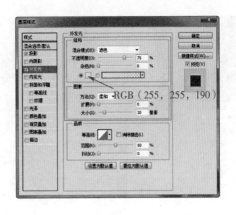

13 为文字图层添加"投影"图层样式，并对相关参数进行设置。

14 选择"外发光"复选框，对相关参数进行设置。

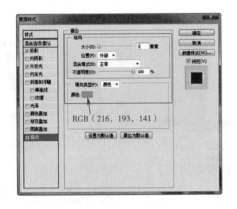

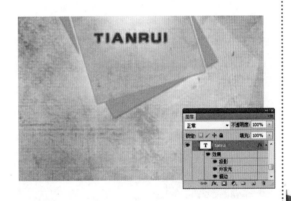

15 选择"描边"复选框，对相关参数进行设置。

16 完成"图层样式"对话框的设置，可以看到文字效果。

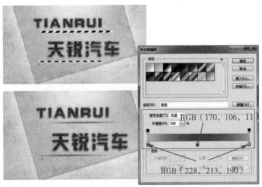

17 在画布上输入其他文字，并为文字图层添加相应的图层样式。

18 新建"图层3"，绘制矩形选区，然后选择"渐变工具"，设置渐变颜色，在选区中填充线性渐变。

19 使用相同的方法，完成相似内容的制作。

20 打开并拖入素材"光盘\源文件\第5章\素材\565.png"，并设置该图层的"混合模式"为"柔光"。

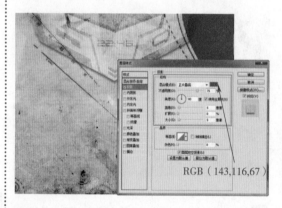

RGB（143,116,67）

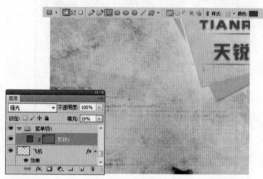

21 为"飞机"图层添加"投影"图层样式，并对相关参数进行设置。

22 新建"菜单项1"图层组，设置"前景色"为RGB（167，87，16），然后使用"钢笔工具"在画布中绘制图形，并对该图层进行设置。

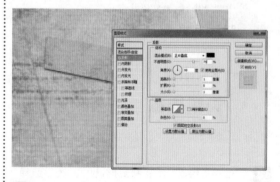

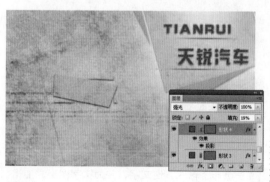

23 为"形状1"图层添加"投影"图层样式，并对相关参数进行设置。

24 使用相同的方法，完成相似图形的绘制。

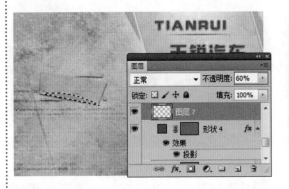

25 新建"图层7"，使用"钢笔工具"在画布中绘制路径，并将其转换为选区，然后填充颜色为RGB（204，175，124），并对图层进行相应设置。

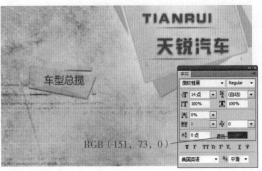

26 选择"横排文字工具"，在"字符"面板中对相关参数进行设置，然后在画布中输入文字。

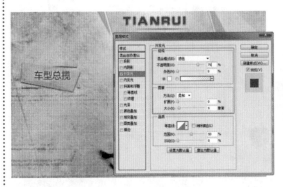

27 为文字图层添加"外发光"图层样式，并对相关参数进行设置。

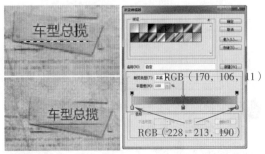

28 新建"图层8"，使用"矩形选框工具"绘制选区，并在选区中填充线性渐变。

29 使用相同的方法，完成相似内容的制作。

30 新建"图层15"，在画布中绘制选区，并进行羽化操作，然后填充颜色为RGB（206，181，141），并设置"填充"为55%。

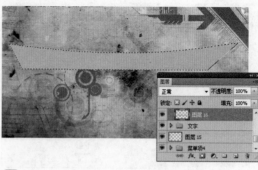

31 在画布中输入其他文字，并对图层进行相应设置。

32 新建"主题内容"组，在该组中新建"图层16"。在画布中绘制路径，并将其转换为选区，然后填充颜色为RGB（235，205，141）。

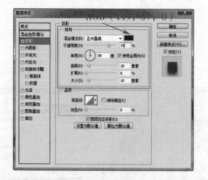

RGB（119，57，0）

RGB（239，237，185）

33 为"图层16"添加"投影"图层样式，并对相关参数进行设置。

34 选择"内发光"复选框，对相关参数进行设置。

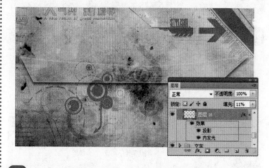

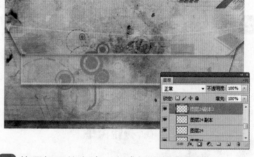

35 完成"图层样式"对话框的设置，然后设置该图层的"填充"为11%。

36 使用相同的方法，完成相似图形的绘制。

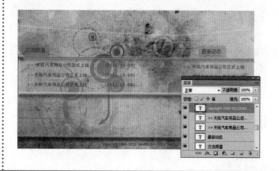

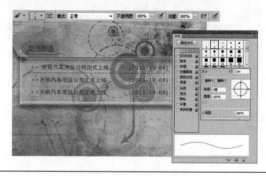

37 使用"横排文字工具"在画布中输入其他文字。

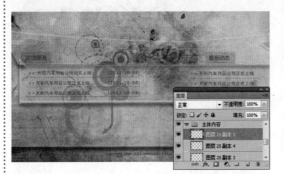

38 新建"图层25",设置"前景色"为黑色,选择"画笔工具",按住Shift键在画布中进行绘制。

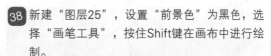
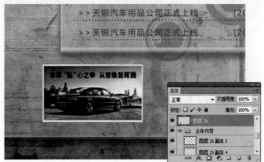

39 多次复制图层,并将其调整到合适的位置。

40 打开并拖入素材"光盘\源文件\第5章\素材\566.jpg"。

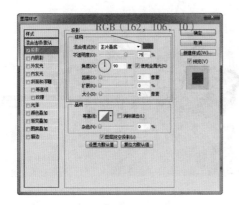

RGB(162, 106, 0)

41 为"图层26"添加"投影"图层样式,在弹出的对话框中对相关参数进行设置。

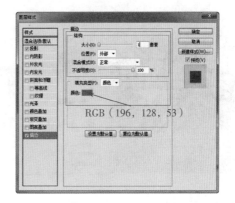

RGB(196, 128, 53)

42 选择"描边"复选框,对相关参数进行设置。

43 完成"图层样式"对话框的设置,可以看到图像效果。

44 使用相同的方法,完成相似内容的制作。

45 打开并拖入素材"光盘\源文件\第5章\素材\
571.png",并调整到合适的位置。

46 使用"横排文字工具"在画布中输入文字,然
后在选项栏上单击"创建文字变形"按钮,在
弹出的对话框中对相关参数进行设置。

47 载入文字图层选区,新建"图层32",执行
"编辑>描边"命令,在弹出的对话框中对相
关参数进行设置。

48 新建"图层33",使用"钢笔工具"在画布
中绘制路径,并将其转换为选区,然后填充为
黑色。

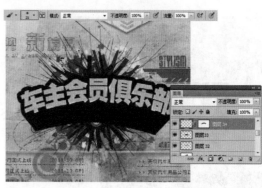

49 载入文字图层选区,新建"图层34",执行
"编辑>描边"命令,在弹出的对话框中对相
关参数进行设置。

50 为"图层34"添加图层蒙版,设置"前景
色"为黑色,使用"画笔工具"在蒙版中涂抹
不需要高光的部分。

51 新建"图层35"，在画布中绘制选区，并在选区中填充线性渐变。

52 多次复制图层，并将其调整到合适的位置和大小。

53 使用相同的方法，完成其他部分内容的制作。

54 完成汽车俱乐部网站页面的设计，得到最终效果。

操作小贴士：

在Photoshop中可以添加10种图层样式。注意，"背景"图层不能添加图层样式。如果要为其添加样式，需要先将"背景"图层转换为普通图层。

图层样式与文本图层一样具有可修改的特点，因此使用起来非常方便。用户可以反复修改图层样式，只需双击图层样式图标fx或双击"图层"面板中的图层样式，就可以打开"图层样式"对话框对图层样式进行修改操作。

自我评价

通过以上几个不同网页设计的练习，你是不是对做网页信心十足了？那就赶快动手试试看吧！

总结扩展

在上面的几个案例中主要介绍了几种不同类型的网站页面的设计方法，在设计制作过程中主要使用了基本绘图工具、图层蒙版、图层样式、图层混合混式等功能，具体要求如下表：

	了解	理解	精通
基本绘图工具			√
图层蒙版		√	
图层样式			√
图层混合模式			√
钢笔工具			√

当今社会是一个高速发展的社会，科技与文化的发展，使人们的眼界越来越开阔，对生活的品味也变得越来越高。随着因特网知识的普及，网站的发展日新月异，浩瀚的因特网世界中有着五彩缤纷的网站、网页，在如此激烈的竞争之中，一个可用性强的、独特创新的网页设计成为网站长期发展的必要条件之一。由此可见，网页设计的作用将会在未来的发展中势不可挡。

第6章

人机交互

——UI设计

本章是学习的第18个小时，在前面的几个小时里我们学习了网页设计的相关知识，相信读者已经对网页有了比较深入的认识。你是否常听人说起UI设计？也听人谈起UI设计师这个职业？那么你知道什么是UI设计吗？如果知道，那么你想自己动手设计好的UI作品吗？本章将向读者介绍什么是UI设计？如何才能设计出好的UI？

通过学习本章的内容，你不仅能了解有关UI设计的知识，还能实现自己动手设计各种各样UI界面的愿望。好，让我们开始本章的行程吧！

学习目的	掌握不同类型UI的设计方法
知识点	钢笔工具、图层蒙版、渐变填充等
学习时间	4小时

界面设计与人机交互之间有什么关系

　　界面设计是人与机器之间传递和交换信息的媒介，包括硬件界面和软件界面，是计算机科学与心理学、设计艺术学、认知科学和人机工程学的交叉研究领域。近年来，随着信息技术与计算机技术的迅速发展以及网络技术的突飞猛进，人机界面设计和开发已成为国际计算机界和设计界最为活跃的研究方向。

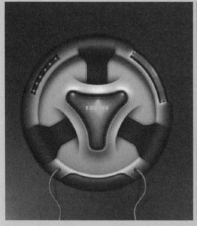

精美的UI设计

什么是UI

　　UI即 User Interface（用户界面）的简称。UI设计则是对软件的人机交互、操作逻辑、

UI设计者需要具备的能力

　　好的UI设计者需要具备能从程序开发框架思维与生理视觉方面角度衡量的能力，从色

UI设计的重要性

　　一个好的UI设计作品，关系到用户是否能够方便地识别、操作，从而达到简单易用

界面美观的整体设计。好的UI设计不仅要让软件变得有个性、有品味，还要让软件的操作变得舒适、简单、自由，充分体现软件的定位和特点。

彩和构思方面配合，以完成最终目的。

的效果，所以说，成功的软件与UI设计文档有着分不开的关系。

第18个小时

在第18个小时中，我们将会学习什么是交互概念、什么是图形界面以及UI界面的基本分类。通过这个小时的学习，大家基本上能明晰交互的概念，了解UI设计具体包括的范围。

▲ *6.1* UI界面的分类

在因特网发展日新月异的今天，UI的应用随之越来越广泛，人们对其设计的要求也越来越高，那么我们常见的UI设计具体包括哪些类别呢？下面就UI界面设计而言，对UI设计进行一个大致的分类、总结。

1. 图标设计

图标设计在UI设计中无处不在，其实用性、方便性也是显而易见的。随着人们对美、时尚、创新的要求，图标设计花样百出，越来越多的精美、新颖、极富有想象力和创造力的图标充斥着用户的眼界。但是优秀的图标设计还是需要以其良好的实用性为导航，附加上艺术性的创造才能真正打动用户。如图6-1所示为优秀的图标设计。

图6-1 精美的图标设计

2. 手机界面设计

社会的发展让手机成为人们日常生活中不可或缺的用品，科技的发展让手机的功能越来越强大，基于手机系统的相关软件界面应运而生。手机软件系统是用户直接操作和应用的主体，以美观实用、操作便捷为用户所青睐。好的手机界面设计不仅要让软件变得有个性、有品味，还要让软件的操作变得舒适、简单、自由，充分体现软件的定位和特点，如图6-2所示为精美的手机界面设计。

图6-2　精美的手机界面设计

3. 软件界面设计

　　软件界面提供了人们与软件之间进行交互性操作的平台，所以软件的美观性和易用性显得十分重要。软件界面设计流程的整体规范准则包括以下几个部分：确立一致的准则，并遵循（规范性）；界面布局的合理性、界面风格的一致性、界面操作的可定制性。如图6-3所示为精美的软件界面设计。

图6-3　精美的软件界面设计

4. 网页界面设计

　　网页界面就是人们能够看到的网站的画面，而网页界面设计的目的就是为了提供一种布局更合理、功能更强大、使用更方便的界面给每一个浏览者，使他们能够愉悦、轻松、快捷地了解网页所提供的信息。个性的网页设计能给人留下深刻的印象，但是将网页的内容清楚地反映给用户，更是网页设计中一直不能偏离的航道。总而言之，网页的设计要保持整体的一贯性，这样网站用户即使经验很少，也能很容易了解该网站信息。如图6-4所示为精美的网页界面设计。

图6-4　精美的网页界面设计

5. 桌面设计

桌面设计是计算机中最为普遍的一个UI设计，每个人都希望自己的计算机设计与众不同、个性十足。桌面设计必须在有限的空间中妥善地排列所用的画面构成，在设计的过程中，应首先考虑使用者的便利程度，不需要过于复杂，能够发挥其应有的功效是很重要的，当然，根据不同的习惯与喜好进行设计也颇有意义。如图6-5所示为精美的桌面设计。

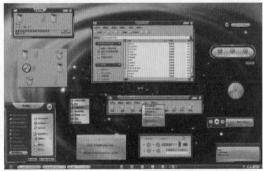

图6-5　精美的桌面设计

▲ *6.2* 交互的概念与图形界面

交互，在计算机中的意思是，参与活动的对象可以相互交流、双方面互动。交互设计是一种让产品易用、有效且让人愉悦的技术，它致力于了解目标用户和他们的期望，了解用户在同产品交互时彼此的行为，了解用户本身的心理和行为特点，同时，还包括了解各种有效的交互方式，并对它们进行增强和扩充。简单来说，交互设计是人工制品、环境和系统的行为，以及传达这种行为的外形元素的设计与定义。它不像传统的设计学科主要关注形式，而是关注内容和内涵，交互设计首先规划和描述事物的行为方式，然后描述传达这种行为的最有效形式。

通过对产品的界面和行为进行交互设计，让产品和它的使用者之间建立一种有机关系，从而可以有效地达到使用者的目标，这就是交互设计的最终目的。

何为"图形界面"？举个例子加以说明，如Windows是以图形界面方式操作的，因为用户可以用鼠标来单击按钮进行操作，很直观。而DOS就不具备GUI，所以只能输入命令。GUI是Graphical User Interface的缩写，即图形用户接口，准确来说，GUI 就是屏幕产品的视觉体验和互动操作部分。

设计质感图标.swf

设计质感图标.psd

了解了一些UI界面的基本知识，也知道了一些UI界面的基本分类后，在接下来的学习中，我们将给出一个图标设计的案例，大家可以先跟着一起练习，然后再尝试按自己的想法去制作各式各样的图标。

自测31 设计质感图标

在日常生活中，人们常常能看见各式各样的图标，它们不仅能简洁地表达本身所代表的事物，同时也加深了消费者对产品或服务的印象，更能给人以美感和艺术的享受，获得好的宣传效果。所以说，一个好的图标能带给人们很多。下面通过一个图标的设计，向读者介绍图标的设计方法和技巧。

请打开源图片

🎬 视频地址：光盘\视频\第6章\设计质感图标.swf

🎬 源文件地址：光盘\源文件\第6章\设计质感图标.psd

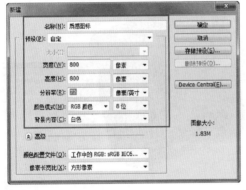

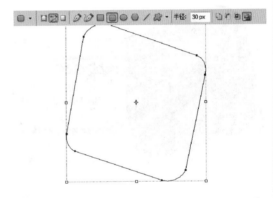

01 执行"文件>新建"命令，在弹出的"新建"对话框中进行相应的设置。

02 使用"圆角矩形工具"在画布中绘制圆角矩形路径，然后按快捷键Ctrl+T对路径进行变换操作。

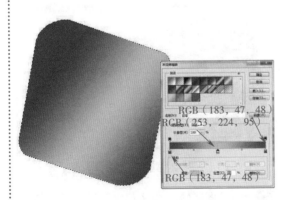

RGB（183，47，48）
RGB（253，224，95）

RGB（183，47，48）

03 新建"图层1"，将路径转换为选区，然后选择"渐变工具"，设置渐变颜色，在选区中填充线性渐变。

04 复制"图层1"得到"图层1副本"，调整复制得到的图形至合适的大小与位置，载入"图层1副本"选区。

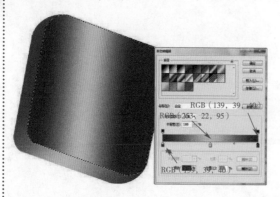

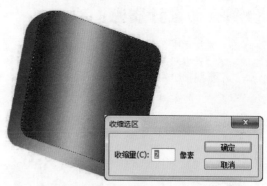

05 选择"渐变工具",打开"渐变编辑器"对话框,设置渐变颜色,在选区中填充线性渐变。

06 新建"图层2",执行"选择>修改>收缩"命令,在弹出的对话框中设置"收缩量"为2,单击"确定"按钮。

07 选择"渐变工具",打开"渐变编辑器"对话框,设置渐变颜色,在选区中填充线性渐变。

08 新建"图层3",按快捷键Ctrl+D取消选区,然后使用"钢笔工具"在画布中绘制路径。

09 将路径转化为选区,然后选择"渐变工具",打开"渐变编辑器"对话框,设置渐变颜色,在选区中填充径向渐变。

10 新建"图层4",载入"图层2"选区。选择"椭圆选框工具",在选项栏上单击"与选区交叉"按钮,在画布中绘制选区,得到相交的选区。

11 选择"渐变工具",打开"渐变编辑器"对话框,设置渐变颜色,在选区中填充径向渐变。

12 新建"图层5",使用"钢笔工具"在画布中绘制路径,然后将路径转换为选区,并填充为黑色。

13 复制"图层5"得到"图层5副本",将复制得到的图层向右移动。

14 选择"圆角矩形工具",设置"前景色"为黑色,在选项栏中进行设置,然后在画布中绘制圆角矩形,并将其旋转。

15 复制"形状1"图层得到"形状1副本"图层,将复制得到的图层向右移动。

16 设置"图层3"的"不透明度"为80%,为其添加蒙版。选择"画笔工具",设置"前景色"为黑色,在蒙版中进行涂抹。

17 调整"图层4"至"图层3"的下方，为"图层4"添加蒙版。选择"画笔工具"，设置"前景色"为黑色，在蒙版中进行涂抹。

18 新建"图层6"，使用"椭圆选框工具"在画布中绘制椭圆选区。选择"渐变工具"，设置渐变颜色，在选区中填充径向渐变。

19 按快捷键Ctrl+T，对"图层6"进行变换操作，并按Enter键确定变换。

20 调整"图层6"至"背景"图层的上方，设置该图层的"不透明度"为85%。

21 完成图标设计的制作，得到最终效果。

操作小贴士：

　　路径是矢量对象，不包含像素，因此，没有进行填充或描边的路径是不会被打印出来的。
　　路径实际上是一些矢量的线条，因此无论图像放大或者缩小，都不会影响它的平滑度和分辨率。编辑好的路径可以同时保存在图像中，也可以单独将它们输出为文件，然后在其他软件中编辑或使用。

第19个小时

　　了解了基本概念以后，在第19个小时里，我们将会着重了解UI设计的特点以及UI设计中的具体要求。在这个小时的学习中，我们将切实地掌握好理论知识，并在设计中遵循、应用。

▲ *6.3*　UI设计的特点

　　UI设计既要符合审美性，又要具有实用性、替用户设想、以人为本，它不仅仅是装饰、装潢，更是一种需要，能够实实在在地给用户提供更方便的产品或服务。综上所述，可以得到UI设计的几个特点。
➤ 实用性
➤ 美观性
➤ 清晰性
➤ 一致性
➤ 以用户为根本

▲ *6.4*　UI设计的要求

　　UI设计可以方便用户操作，提升用户体验。一些有经验的UI设计师和开发者的建议可以在很大程度上帮助你设计出优秀的UI，但是优秀UI设计的完成有哪些要求呢？下面为读者总结了几点UI设计的要求。
➤ 简洁易用性
界面的简洁是要让用户便于使用、了解，并且可以有效地减少用户发生错误的选择。
➤ 通俗易懂的语言
界面语言应该尽可能地使用通俗易懂的语言，使用能够反映用户自身的语言，而不要使用过多的专业性术语。
➤ 清晰性
界面的设计应该清晰易懂，各功能表达也应该尽可能让用户看得清晰，以至于在视觉效果上便于理解和使用。
➤ 一致性
界面的结构必须具有一致性，风格必须与软件的风格和内容相一致，这是任何一个优秀的软件界面都必须具备的特点。
➤ 安全性
用户能够自由地做出选择，并且所有选择都应该是可逆的，在用户做出危险选择时，应该有相应的警告信息弹出。
➤ 从用户本身出发
想用户所想，做用户所需，用户可以通过已掌握的知识来使用界面，以及根据自己的喜好和习惯来制作界面。
➤ 灵活性
简单来说，就是要让用户使用方便，不能仅仅局限于某一种单一的工具操作，例如，可以使用鼠标对界面进行操作，还可以通过键盘等其他工具进行操作。
➤ 人性化
界面的设计应该更加人性化，更多地从用户的角度考虑问题，高效率和用户满意度是界面人性化的体现。

设计手机界面.swf

设计手机界面.psd

自我检测

了解了UI设计的相关知识后，我们将进行一个比较常见的界面设计——手机界面设计。该设计或许会比图标设计的步骤复杂一些，但正因为如此，才能让我们的设计能力得到更进一步的提升。掌握了手机界面设计的基本方法后，你就能设计自己喜欢的手机界面了，让我们一起动手练习吧！

自测32 设计手机界面

手机的待机界面和我们息息相关，一个美观的待机界面可以使人的心情愉快，手机待机界面的设计不仅要美观，还要显示出手机的主要功能，这样才能方便用户的使用，从而获得消费者的青睐。

请打开源图片

🎬 视频地址：光盘\视频\第6章\设计手机界面.swf

🖼 源文件地址：光盘\源文件\第6章\设计手机界面.psd

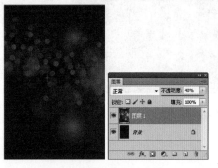

01 执行"文件>新建"命令，弹出"新建"对话框，新建一个文档。

02 将"背景"图层填充为黑色，然后打开并拖入素材"光盘\源文件\第6章\素材\601.jpg"，并设置"图层1"的"不透明度"为40%。

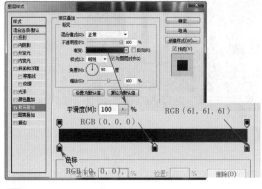

03 新建"图层2"，设置"前景色"为黑色，使用"矩形选框工具"绘制选区，并为选区填充前景色。

04 为"图层2"添加"渐变叠加"图层样式，并对相关参数进行设置。

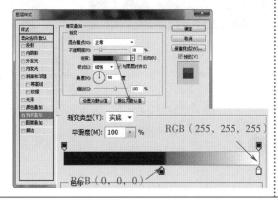

05 新建 "图层3"，使用 "钢笔工具" 在画布中绘制路径，然后将路径转换为选区，并为选区填充白色。

06 为 "图层3" 添加 "渐变叠加" 图层样式，并对相关参数进行设置。

07 使用相同的方法，绘制出相似的图像效果，并添加相应的图层样式。

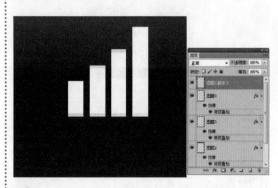

08 新建 "图层5"，使用 "矩形选框工具" 绘制矩形选区，并为选区填充白色。

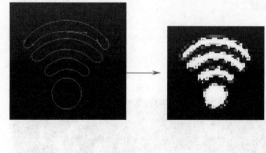

09 将 "图层5" 进行多次复制，调整复制得到的图形到合适的大小和位置，并将相应的图层合并。

10 新建 "图层6"，使用 "钢笔工具" 和 "椭圆工具" 在画布上绘制路径，然后将路径转换为选区，并为选区填充白色。

11 使用相同的方法，绘制出相似的图形。

12 新建 "图层9"，使用 "钢笔工具" 在画布中绘制路径，将路径转换为选区，并填充任意颜色，然后设置该图层的 "填充" 为0%。

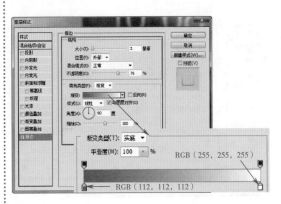

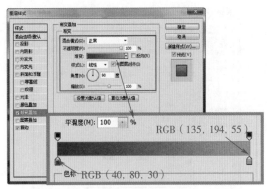

13 为"图层9"添加"描边"图层样式，并对相关参数进行设置。

14 新建"图层10"，载入"图层9"选区，为选区填充白色。为"图层10"添加"渐变叠加"图层样式，并对相关参数进行设置。

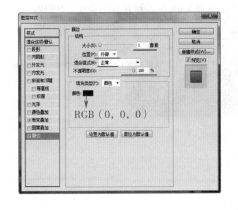

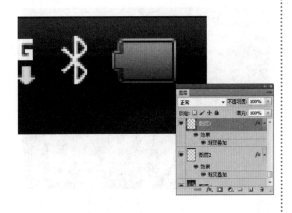

15 在"图层样式"对话框中选择"描边"复选框，并对相关参数进行设置。

16 单击"确定"按钮，完成对话框的设置，可以看到图像效果。

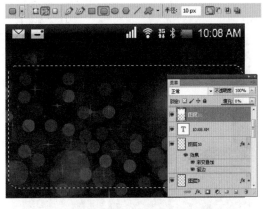

17 使用"横排文字工具"在画布中输入文字。

18 新建"图层11"，使用"圆角矩形工具"绘制路径，将路径转换为选区，并填充任意色，然后设置其"填充"为0%。

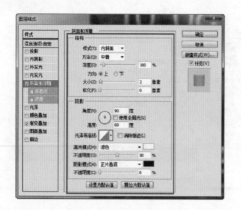

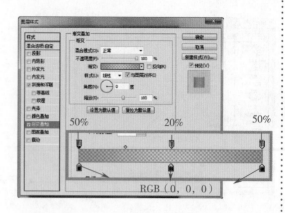

19 为"图层11"添加"斜面和浮雕"图层样式，并对相关参数进行设置。

20 在"图层样式"对话框中选择"渐变叠加"复选框，并对相关参数进行设置。

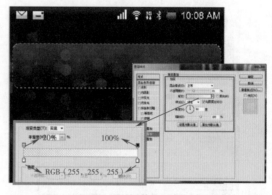

21 单击"确定"按钮，完成对话框的设置，可以看到图像的效果。

22 新建"图层12"，使用相同的方法绘制一个圆角矩形，然后为该图层添加"渐变叠加"图层样式，并对其参数进行设置。

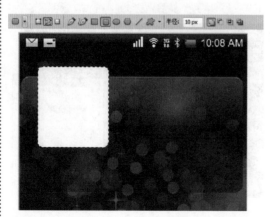

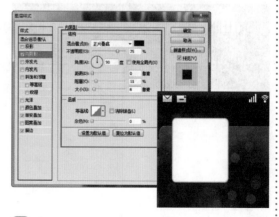

23 新建"图层13"，使用"圆角矩形工具"绘制圆角矩形路径，然后将路径转换为选区，并为选区填充白色。

24 为"图层13"添加"内阴影"图层样式，并对相关参数进行设置。

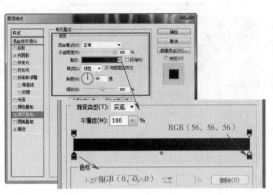
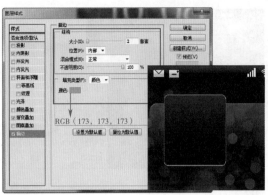

25 在"图层样式"对话框中选择"渐变叠加"复选框，并对相关参数进行设置。

26 在"图层样式"对话框中选择"描边"复选框，并对相关参数进行设置。

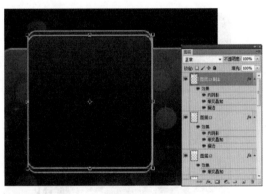
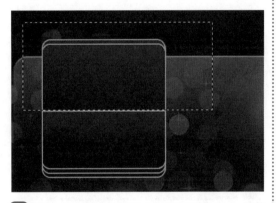

27 复制"图层13"得到"图层13副本"，调整复制得到的图像至合适的大小和位置。

28 复制"图层13"得到"图层13副本2"，调整复制得到的图像至合适的大小和位置，然后使用"矩形选框工具"删除多余的图像。

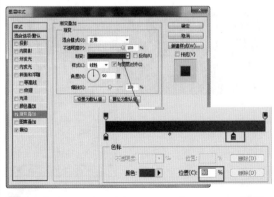
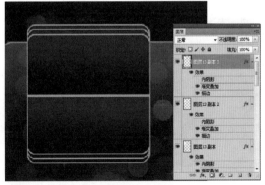

29 隐藏"图层13副本2"的"内阴影"图层样式，修改"渐变叠加"图层样式的相关参数。

30 复制"图层13副本2"得到"图层13副本3"，执行"编辑>变换>垂直翻转"命令，将其调整到合适的大小和位置。

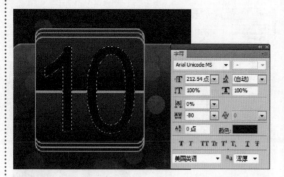

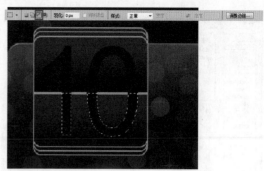

31 使用"横排文字工具"在画布中输入文字，载入文字选区。

32 新建"图层14"，选择"矩形选框工具"，在选项栏上单击"从选区减去"按钮，在画布中绘制选区，得到相减的选区，并为选区填充黑色。

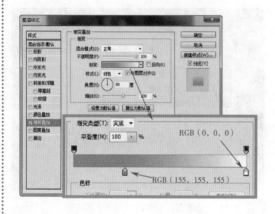

33 为"图层14"添加"渐变叠加"图层样式，并对相关参数进行设置。

34 单击"确定"按钮，完成对话框的设置，可以看到图像的效果。

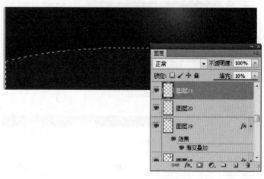

35 使用相同的方法，完成相似内容的制作。

36 新建"图层21"，使用"钢笔工具"绘制路径，然后将路径转换为选区，为选区填充白色，并设置其"填充"为10%。

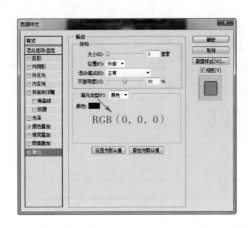

37 为"图层21"添加"颜色叠加"图层样式，并对相关参数进行设置。

38 在"图层样式"对话框中选择"描边"复选框，并对相关参数进行设置。

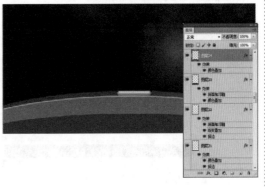

39 单击"确定"按钮，完成对话框的设置，可以看到图像的效果。

40 使用相同的方法，可以完成相似图像的绘制。

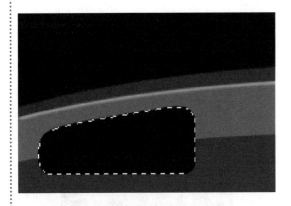

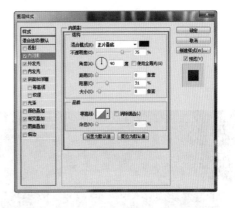

41 新建"图层25"，使用"钢笔工具"在画布上绘制路径，然后将路径转换为选区，并为选区填充黑色。

42 为"图层25"添加"内阴影"图层样式，并对相关参数进行设置。

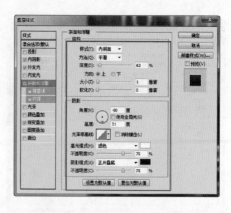

43 在"图层样式"对话框中选择"外发光"复选框，并对相关参数进行设置。

44 在"图层样式"对话框中选择"斜面和浮雕"复选框，并对相关参数进行设置。

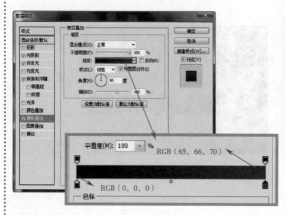

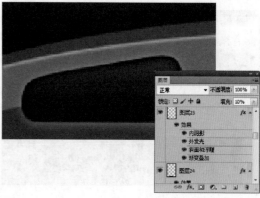

45 在"图层样式"对话框中选择"渐变叠加"对话框，并对相关参数进行设置。

46 单击"确定"按钮，完成对话框的设置，可以看到图像的效果。

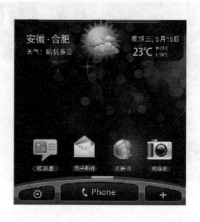

47 使用相同的方法，完成其他部分相似图像的绘制。

48 拖入素材，使用相同的方法，完成其他部分文字的输入及相似图像的绘制。

49 完成手机界面的设计，并为其添加背景图像，得到最终效果。

操作小贴士：

　　使用"钢笔工具"绘制直线的方法比较简单，在操作时需要单击鼠标，注意不要拖动鼠标，否则将绘制出曲线路径。如果按住Shift键同时使用"钢笔工具"绘制直线路径，可以绘制出水平、垂直或以45°角为增量的直线。

　　在绘制曲线路径的过程中，在调整方向线时，按住Shift键拖动鼠标可以将方向线的方向控制在水平、垂直或以45°角为增量的角度上。

　　在使用"钢笔工具"绘制路径的过程中，如果按住Ctrl键可以将正在使用的"钢笔工具"临时转换为"直接选择工具"；如果按住Alt键可以将正在使用的"钢笔工具"临时转换为"转换点工具"。

第20个小时

　　在第20个小时里，我们将学习路径的相关知识，在这个小时里，你能清楚地知道究竟什么是路径、使用钢笔工具如何绘制路径，以及对路径进行操作的各种方法。

▲ **6.5** 路径和锚点

　　在Photoshop中，要想绘制矢量图，离不开路径和锚点的应用，它们是Photoshop矢量设计功能的充分体现。

　　所谓锚点，是指连接直线路径段或曲线路径段组成路径的端点。锚点分为两种，一种是平滑点，另一种是角点。连接平滑点可以形成平滑的曲线，如图6-6所示；连接角点可以形成直线，如图6-7所示，还可以形成转角曲线，如图6-8所示。曲线路径段上的锚点有方向线，方向线的端点为方向点，它们主要用来调整曲线的形状。

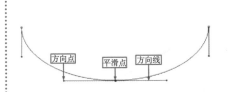

图6-6　连接平滑点形成平滑的曲线

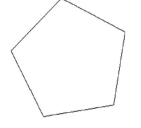

图6-7　连接角点形成的直线

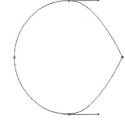

图6-8　连接角点形成的转角曲线

路径是指用户勾绘出来的由一系列锚点连接起来的线段或曲线，可以沿这些线段或曲线填充颜色，或者进行描边，从而绘制出图形。路径包括开放路径（如图6-9所示）、闭合路径（如图6-10所示）以及多条路径（如图6-11所示）几种类型。

图6-9　开放路径

图6-10　闭合路径

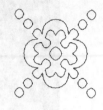

图6-11　多条路径

▲ *6.6* 使用钢笔工具绘制路径

使用"钢笔工具"可以自由绘制直线路径曲线路径，可以是开放的，也可以是闭合的。

1.绘制直线路径

选择"钢笔工具"，在选项栏上单击"路径"按钮，将光标移至画布中，单击即可创建一个锚点，如图6-12所示。松开鼠标左键，将光标移至下一位置单击，创建第二个锚点，则两个锚点会连接成一条由角点定义的直线路径，在其他位置单击可以继续绘制直线，如图6-13所示。

图6-12　创建锚点

图6-13　绘制直线

如果要闭合路径，可以将光标移至路径的起点，如图6-14所示。单击鼠标即可闭合路径，如图6-15所示。

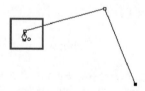

图6-14　光标效果

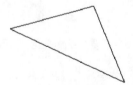

图6-15　闭合路径

2.绘制曲线路径

使用"钢笔工具"在画布中单击鼠标创建一个锚点，如图6-16所示。将光标移至下一个锚点的位置，单击并拖动鼠标绘制曲线，如图6-17所示。通过单击并拖动鼠标的方式即可绘制出光滑流畅的曲线。

图6-16　创建锚点

图6-17　创建曲线

如果要绘制闭合路径，可以将光标移至路径的起点，如图6-18所示，单击并拖动鼠标即可闭合曲线路径，如图6-19所示。

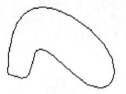

图6-18 绘制曲线

图6-19 曲线路径效果

▲ 6.7 路径的编辑

在使用路径绘制图形时，往往不能一次性完成最终效果的绘制，而是通过对路径的编辑、修改，得到完美的形状，接下来就让我们一起来学习有关路径的编辑、操作吧！

1. 选择路径与锚点

在Photoshop中绘制路径后，通常使用"路径选择工具"或"直接选择工具"对路径进行选择。

打开一张素材图像，如图6-20所示，使用"自定形状工具"在画布中绘制路径，如图6-21所示。

图6-20 打开素材

图6-21 绘制路径

使用"路径选择工具"选择路径后，被选中的路径以实心点的方式显示各个锚点，如图6-22所示。若使用"直接选择工具"选择路径，则被选中的路径以空心点的方式显示各个锚点，如图6-23所示。

图6-22 选择路径

图6-23 选择路径

使用"直接选择工具"可以拖曳鼠标指针在画布中拖出一个选择框，如图6-24所示。释放鼠标左键，选择框范围内的路径会被选中，如图6-25所示。

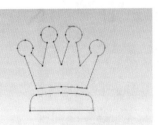

图6-24 拖出选择框

图6-25 选择部分路径和锚点

2. 移动路径

使用"路径选择工具"和"直接选择工具"都能够移动路径，使用"路径选择工具"可以将光标对准路径本身或路径内部，按下鼠标左键不放，向需要移动的目标位置拖曳，所选择的路径可以随着鼠标指针一起移动，如图6-26所示。使用"直接选择工具"，需要使用框选的方法选择要移动的路径，只有这样才能将路径上的所有锚点都选中，在移动路径的过程中，光标必须在路径线上，如图6-27所示。

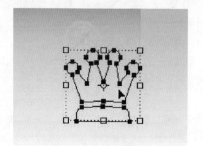

图6-26 使用"路径选择工具"移动路径

图6-27 使用"直接选择工具"移动路径

3. 复制和删除路径

无论是工作路径，还是非工作路径，都可以对其先复制后粘贴，从而达到复制路径的目的。删除路径只需要选中要删除的路径，执行"编辑>清除"命令或按Delete键即可将路径删除。

打开一张素材图像，使用"自定形状工具"在画布中绘制路径，如图6-28所示。执行"编辑>复制"命令，然后执行"编辑>粘贴"命令，并将其移动到合适的位置，如图6-29所示。

图6-28 打开素材并绘制路径

图6-29 复制路径

4. 填充路径

路径的另一大功能就是可以直接用来绘图。

打开一张素材图像，在画布中绘制路径，如图6-30所示。打开"路径"面板，单击右上角的小三角按钮，在弹出的菜单中选择"填充路径"命令，如图6-31所示。

图6-30 打开素材并绘制路径

图6-31 "路径"面板菜单

选择该命令后，将弹出"填充路径"对话框，在该对话框中可以设置填充颜色的相关选项，如图6-32所示。单击"确定"按钮，即可为路径填充颜色，如图6-33所示。

图6-32 "填充路径"对话框　　　　　　　　　图6-33 填充路径后的效果

5. 描边路径

打开一张素材图像，在画布中绘制路径，如图6-34所示。打开"路径"面板，单击右上角的小三角按钮，在弹出的菜单中选择"描边路径"命令，面板效果如图6-35所示。

图6-34 打开素材并绘制路径　　　　　　　　图6-35 "路径"面板

选择该命令后，将弹出"描边路径"对话框，如图6-36所示。单击"确定"按钮，即可为路径描边，如图6-37所示。

图6-36 "描边路径"对话框　　　　　　　　图6-37 为路径描边后的效果

设计音乐播放器界面.swf

设计音乐播放器界面.psd

自我检测

　　了解了UI设计的相关知识，并且学习了有关Photoshop中路径的应用后，我们基本上可以轻松地设计制作各种图标和手机界面了。下面介绍播放器界面的设计方法，你可以先预览一下整个操作步骤，再考查一下自己是不是可以设计出这样的播放器。

自测33 设计音乐播放器界面

播放器是软件中较为常见的，也是当下网络生活中不可或缺的重要元素之一，播放器包括背景、界面主题和界面按钮等部分。一个漂亮的播放器不仅能给我们提供听觉享受的导航，更能带给我们一场华丽的视觉盛宴。

请打开源图片

视频地址：光盘\视频\第6章\设计音乐播放器界面.swf

源文件地址：光盘\源文件\第6章\设计音乐播放器界面.psd

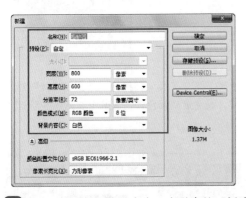

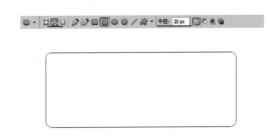

01 执行"文件>新建"命令，在弹出的"新建"对话框中进行相应的设置。

02 新建图层组，将其重命名为"背景"，并在该组中新建"图层1"，然后使用"圆角矩形工具"在画布中绘制圆角矩形路径。

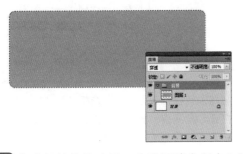

RGB（85，96，88）

03 将路径转换为选区，为选区填充颜色RGB（170，170，170）。

04 执行"编辑>描边"命令，在弹出的对话框中进行设置。

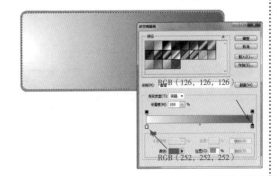

RGB（126，126，126）

RGB（252，252，252）

05 新建"图层2"，载入"图层1"选区，执行 "选择>修改>收缩"命令，在弹出的对话框 中对相关参数进行设置。

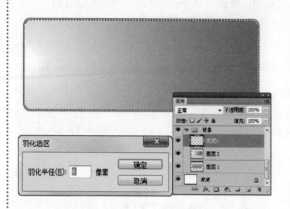

06 选择"渐变工具"，打开"渐变编辑器"对话框，设置渐变颜色，在选区中填充线性渐变。

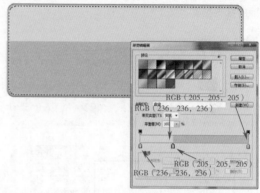

07 新建"图层3"，载入"图层2"选区，然后执行"选择>修改>羽化"命令，在弹出的对话框中进行设置。

08 选择"渐变工具"，打开"渐变编辑器"对话框，设置渐变颜色，在选区中填充线性渐变。

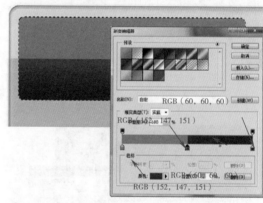

09 新建图层组，重命名为"播放器"，并在该组中新建"图层4"，然后使用"圆角矩形工具"绘制圆角矩形路径。

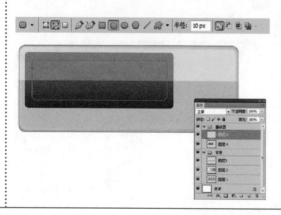

10 将路径转换为选区，然后选择"渐变工具"，打开"渐变编辑器"对话框，设置渐变颜色，在选区中填充线性渐变。

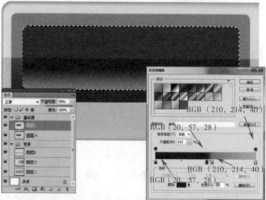

11 新建"图层5"，使用"圆角矩形工具"在画布中绘制圆角矩形路径。

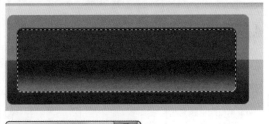

12 将路径转换为选区，然后选择"渐变工具"，设置渐变颜色，在选区中填充线性渐变，并设置"图层5"的"不透明度"为70%。

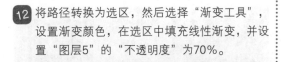

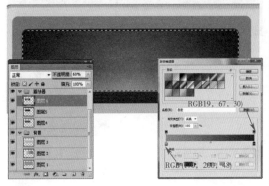

13 新建"图层6"，载入"图层5"选区，然后执行"选择>修改>收缩"命令，在弹出的对话框中进行设置。

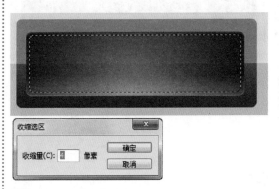

14 选择"渐变工具"，设置渐变颜色，在选区中填充径向渐变，并设置"图层6"的"不透明度"为60%。

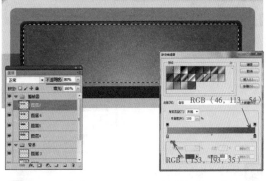

15 新建"图层7"，载入"图层6"选区，然后执行"选择>修改>收缩"命令，在弹出的对话框中进行设置。

16 选择"渐变工具"，设置渐变颜色，在选区中填充径向渐变，并设置"图层7"的"不透明度"为80%。

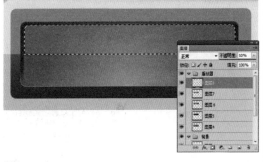

17 新建"图层8"，载入"图层7"选区，然后选择"矩形选框工具"，在选项栏上单击"从选区减去"按钮，在画布中绘制选区，得到相减的选区。

18 为选区填充白色，并设置"图层8"的"不透明度"为10%。

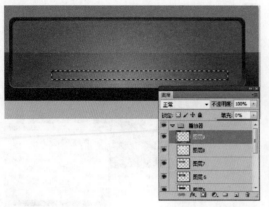

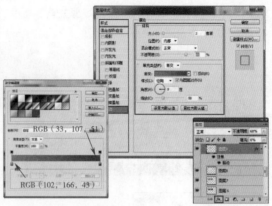

19 新建"图层9"，使用"矩形选框工具"在画布中绘制矩形选区，并填充任意颜色，然后设置"图层9"的"填充"为0%。

20 为"图层9"添加"渐变叠加"图层样式，并对参数进行设置，然后设置"图层9"的"不透明度"为60%。

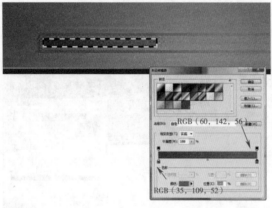

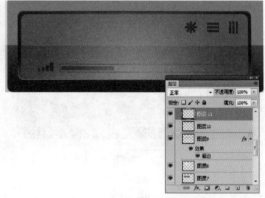

21 新建"图层10"，使用"矩形选框工具"绘制矩形选区，然后选择"渐变工具"，设置渐变颜色，为选区填充线性渐变。

22 新建"图层11"，使用相同的制作方法绘制出其他图像。

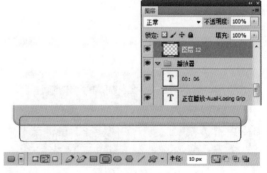

23 使用"横排文字工具"在画布中输入文字，并调整文字到合适的大小和位置。

24 新建图层组，重命名为"控制条"，并在该组中新建"图层12"，然后使用"圆角矩形工具"在画布中绘制路径。

25 将路径转换为选区，使用"矩形选框工具"减去相应的选区，并为选区填充颜色RGB（70，70，70）。

26 使用相同的方法，绘制出其他图像。

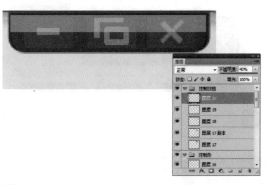

27 使用相同的方法，绘制出其他图像。

28 新建图层组，重命名为"调节按钮"，并新建"图层21"，然后使用"圆角矩形工具"在画布中绘制圆角矩形路径。

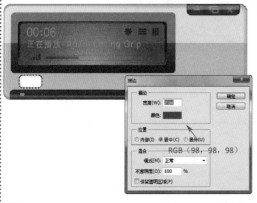

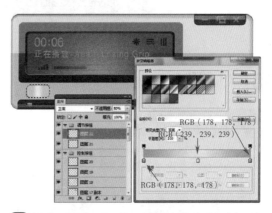

29 将路径转换为选区，为选区填充白色，然后执行"编辑>描边"命令，在弹出的对话框中进行设置。

30 新建"图层22"，载入"图层21"选区。选择"渐变工具"，设置渐变颜色，为选区填充线性渐变，并设置"图层22"的"不透明度"为50%。

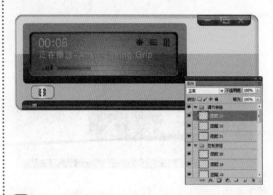 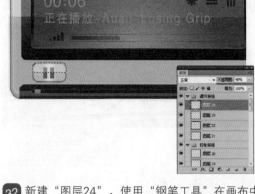

③1 新建"图层23"，使用"矩形选框工具"在画布中绘制选区，并为选区填充颜色RGB（46，144，58）。

③2 新建"图层24"，使用"钢笔工具"在画布中绘制路径，并将路径转换为选区，然后为选区填充白色，并设置"图层24"的"不透明度"为40%。

③3 使用相同的方法制作其他调节按钮。

③4 使用"横排文字工具"在画布中输入文字，并调整到合适的大小和位置。

③5 为音乐播放器界面添加背景和投影，完成该音乐播放器界面的设计制作，得到最终效果。

操作小贴士：

　　随着图像编辑的深入，图层的数量会逐渐增加，因此，要在众多的图层中找到需要的图层将会是件很麻烦的事情。如果使用图层组来组织和管理图层，则可以使"图层"面板中的图层结构更加清晰，也便于查找需要的图层。图层组类似于文件夹，可以将图层按照类别放在不同的组内，当关闭图层组后，在"图层"面板中只显示图层组的名称。

　　创建图层组有两种方法，一是直接单击"图层"面板中的"创建新组"按钮，在当前图层的上方创建图层组；二是执行"图层>新建>组"命令，弹出"新建组"对话框，在该对话框中输入图层组的名称及其他选项，单击"确定"按钮创建图层组。

第21个小时

在第21个小时里，我们将学习Photoshop中矢量工具的运用，以及路径与选区之间相互转换的方法。通过这个小时的学习，大家能够熟练运用矢量工具，并且灵活地执行路径和选区之间的必要转换。

▲ 6.8 路径与选区的转换方法

在Photoshop中，首先绘制路径，然后将其转换为选区，这样看来，路径的一个重要功能就是与选区的转换，因此使用该功能可以绘制不同的选区范围。

打开一张素材图像，如图6-38所示。使用"自定形状工具"，打开"自定形状"拾色器，单击拾取器右上角的小三角按钮，在弹出的菜单中选择"动物"选项，然后选择合适的形状，如图6-39所示。

图6-38 打开素材　　　　　　　　　　图6-39 选择形状

在画布中绘制形状，如图6-40所示。按快捷键Ctrl+Enter，将路径转换为选区。设置"前景色"为RGB（255，0，0），新建"图层1"，为选区填充"前景色"，并取消选区，如图6-41所示。

图6-40 绘制路径　　　　　　　　　　图6-41 填充效果

选中"图层1"，按住Ctrl键，单击"图层 1"缩览图，载入选区，如图6-42所示。打开"路径"面板，单击"路径"面板底部的"从选区生成工作路径"按钮，将选区转换为路径，然后隐藏"图层1"，如图6-43所示。

图6-42 载入选区　　　　　　　　　　图6-43 将选区转换为路径

▲ *6.9* 使用矢量工具

在Photoshop中，矢量绘图工具包括"矩形工具"、"圆角矩形工具"、"椭圆工具"、"多边形工具"、"直线工具"和"自定形状工具"。

1. 矩形工具

使用"矩形工具"可以绘制矩形或正方形。

选择"矩形工具"，在画布中单击并拖动鼠标即可创建矩形，如图6-44所示。在绘制矩形时，按住Shift键同时拖动鼠标即可绘制正方形，如图6-45所示。

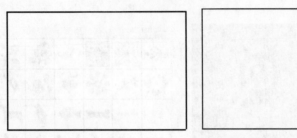

图6-44　创建矩形　　　　图6-45　创建正方形

2. 圆角矩形工具

使用"圆角矩形工具"可以绘制圆角矩形。

选择"圆角矩形工具"，在画布中单击并拖动鼠标即可创建圆角矩形，如图6-46所示。

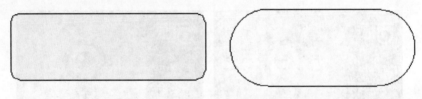

半径为10mm　　　　　　半径为100mm

图6-46　创建圆角矩形

3. 椭圆工具

使用"椭圆工具"可以绘制椭圆形和正圆形。

选择"椭圆工具"，在画布中单击并拖动鼠标即可绘制椭圆形，如图6-47所示。在绘制椭圆时，按住Shift键同时拖动鼠标即可绘制正圆形，如图6-48所示。

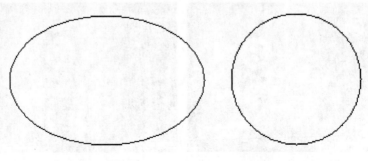

图6-47　创建椭圆形　　　　图6-48　创建正圆形

4. 多边形工具

使用"多边形工具"可以绘制多边形和星形。

选择"多边形工具",在画布中单击并拖动鼠标即可绘制多边形,如图6-49所示。

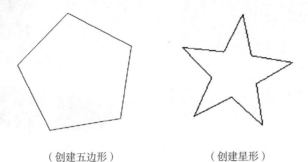

（创建五边形）　　　　　　　（创建星形）

图6-49　不同的多边形

5. 直线工具

使用"直线工具"可以绘制粗细不同的直线和带有箭头的线段。

选择"直线工具",在画布中单击并拖动鼠标即可绘制直线,如图6-50所示。单击选项栏上的"几何选项"按钮,弹出"箭头"面板,在面板中进行设置,可以绘制箭头,如图6-51所示。

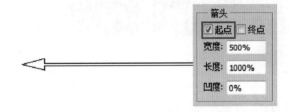

图6-50　创建直线　　　　　　　图6-51　创建带有箭头的直线

6. 自定形状工具

在Photoshop中提供了大量的自定义形状,包括箭头、标识、指示牌等。选择"自定形状工具",打开"自定形状"拾取器,在其中选择一种形状,然后在画布上拖动鼠标即可绘制该形状的图形。

选择"自定形状工具",单击选项栏上"形状"右侧的三角形按钮,可以打开"自定形状"拾取器,如图6-52所示。单击该拾取器右上角的三角形按钮,会弹出如图6-53所示的菜单,在其中可以选择不同的形状类别。

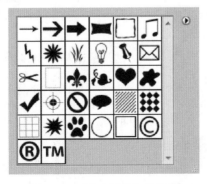

图6-52　"自定形状"拾取器　　　图6-53　弹出的菜单

设计软件界面.swf

设计软件界面.psd

自我检测

通过前面3个小时的学习，你是不是对UI设计有了更深入的了解？现在你是否可以设计出自己想要的UI作品了？在本章学习的最后一段时间，让我们一起来挑战UI设计里面复杂的软件界面设计吧！

自测34 设计软件界面

本实例设计一个声音处理软件界面，在该软件界面的设计过程中，运用了大量的渐变颜色填充和高光部分的绘制表现软件界面的质感，并且在软件界面的设计过程中充分考虑了用户的使用规律和视觉流程，整个软件界面看起来干净、利落，方便用户操作。

请打开源图片

📽 视频地址：光盘\视频\第6章\设计软件界面.swf

🖼 源文件地址：光盘\源文件\第6章\设计软件界面.psd

01 执行"文件>新建"命令，在弹出的"新建"对话框中进行相应的设置。

02 新建"背景"组，在该组中新建"图层1"，然后使用"圆角矩形工具"在画布中绘制圆角矩形。

03 新建"图层2"，载入"图层1"选区，然后执行"选择>修改>收缩"命令，在弹出的对话框中对相关参数进行设置。

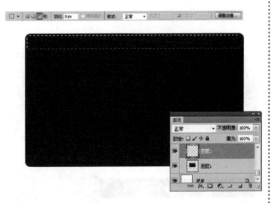

04 选择"矩形选框工具"，在选项栏上单击"从选区减去"按钮，从当前选区中减去相应的选区。

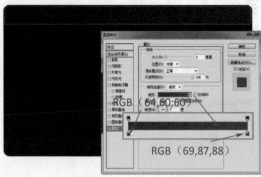

05 选择"渐变工具"，打开"渐变编辑器"对话框设置渐变颜色，在选区中填充线性渐变。

06 为"图层2"添加"描边"图层样式，并对相关参数进行设置。

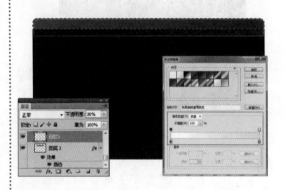

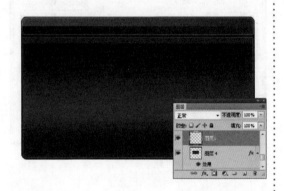

07 新建"图层3"，使用相同的方法绘制选区，然后在选区中填充线性渐变，并设置"不透明度"为30%。

08 使用相同的方法，完成相似图形的绘制。

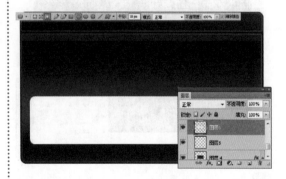

09 新建"图层6"，设置"前景色"为白色，使用"圆角矩形工具"在画布中绘制圆角矩形。

10 使用相同的方法，完成相似图形的绘制。

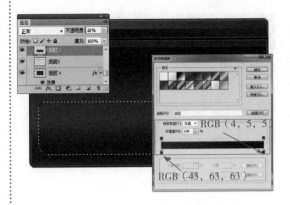

RGB（4，5，5）

RGB（43，63，63）

11 将"图层6"与"图层7"合并，载入该图层选区，为选区填充线性渐变，并设置"不透明度"为20%。

RGB（129，129，129）

12 选择"图层7"，执行"编辑>描边"命令，在弹出的"描边"对话框中对相关参数进行设置。

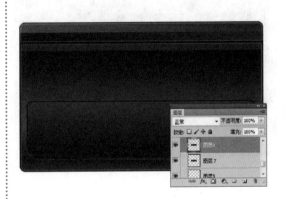

13 使用相同的方法，完成相似图形的绘制，并将其调整到合适的位置。

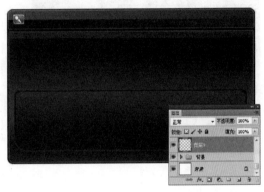

14 打开并拖入素材"光盘\源文件\第6章\素材\612.png"。

15 使用"横排文字工具"在画布中输入文字。

16 为文字图层添加"投影"图层样式，并对相关参数进行设置。

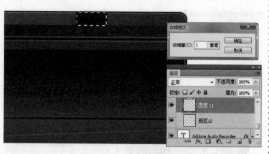

17 新建"按钮1"组，在该组中新建"图层
10"，然后设置"前景色"为黑色，使用"矩
形工具"在画布中绘制矩形。

18 新建"图层11"，载入"图层10"选区，然
后执行"选择>修改>收缩"命令，在弹出的
对话框中对相关参数进行设置。

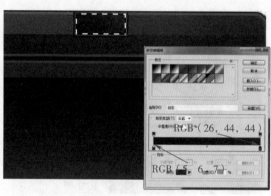

19 选择"渐变工具"，打开"渐变编辑器"对话
框设置渐变颜色，在选区中填充线性渐变。

20 新建"图层12"，载入"图层11"选区。使
用相同的方法收缩选区，并使用"渐变工具"
在选区中填充线性渐变。

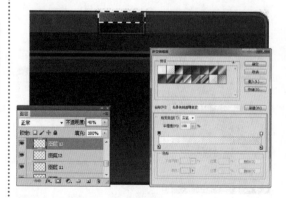

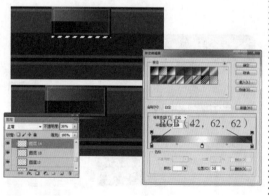

21 新建"图层13"，使用"矩形选框工具"在画
布中绘制选区，并在选区中填充线性渐变，然
后设置"不透明度"为40%。

22 在画布中绘制选区，在选区中填充线性渐变，
并设置"不透明度"为30%。

23 新建"图层15",设置"前景色"为白色,然后使用"自定形状工具"在画布中绘制一个三角形。

24 使用相同的方法,完成其他部分内容的制作。

25 新建"图标"组,在该组中新建"图层30",然后使用"矩形选框工具"在画布中绘制选区。

26 选择"渐变工具",设置渐变颜色,在选区中填充线性渐变,并设置"不透明度"为50%。

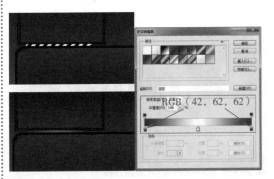

27 新建"图层31",使用"矩形选框工具"绘制选区,并在选区中填充线性渐变,然后设置"不透明度"为30%。

28 多次复制图层,并将其调整到合适的位置。

29 打开并拖入素材"光盘\源文件\第6章\素材\607.png"。

30 打开并拖入其他素材,然后调整到合适的位置和大小。

31 使用"横排文字工具"在画布中输入文字。

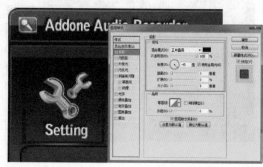

32 为文字图层添加"投影"图层样式,并对相关参数进行设置。

33 使用相同的方法,完成相似内容的制作。

34 使用相同的方法,完成相似图形的绘制。

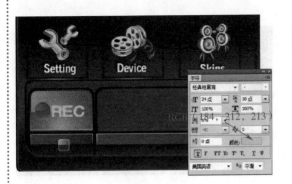

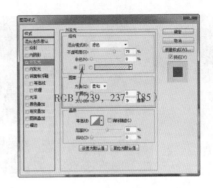

35 使用"横排文字工具"在画布中输入文字。

36 为文字图层添加"外发光"图层样式，并对相关参数进行设置。

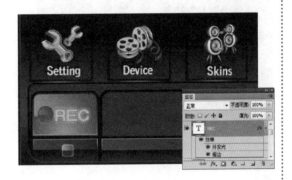

37 选择"描边"复选框，并对相关参数进行设置。

38 完成"图层样式"对话框的设置，可以看到图像效果。

39 载入文字图层选区，新建"图层53"，然后使用"矩形选框工具"从现有选区中减去相应选区，并填充为白色。

40 打开并拖入素材"光盘\源文件\第6章\素材\612.png"。

41 使用"横排文字工具"在画布中输入文字。

42 复制"图层54"和文字图层，将其合并，并为该图层添加图层蒙版，然后在蒙版中填充黑白渐变，并设置"不透明度"为50%。

43 使用"横排文字工具"在画布中输入文字。

44 为软件界面添加渐变投影，完成软件界面的制作。

操作小贴士：

在使用"椭圆工具"绘制椭圆形时，如果按住Shift键同时拖动鼠标，则可以绘制正圆形；如果按住Alt键同时拖动鼠标，将以单击点为中心向四周绘制椭圆形；如果按住Alt+Shift快捷键同时拖动鼠标，将以单击点为中心向四周绘制正圆形。

在使用"多边形工具"绘制多边形或星形时，只有在"多边形选项"对话框中选择"星形"复选框，才可以对"缩进边依据"和"平滑缩进"选项进行设置。默认情况下，"星形"复选框是未被选中的。

在使用各种形状工具绘制矩形、椭圆形、多边形、直线和自定义形状时，在绘制形状的过程中按住键盘上的空格键可以移动形状的位置。

自我评价

通过以上几个例子的练习，相信读者已经基本掌握了UI设计的思路，在接下来的学习中可以先从模仿开始，循序渐进，直到可以独立完成各种UI的设计，让我们一起努力吧!

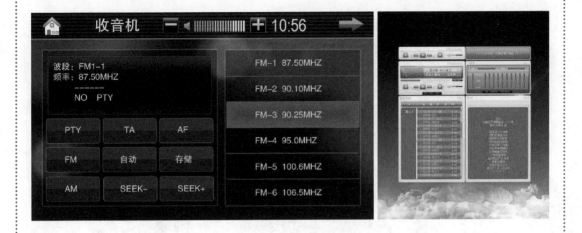

总结扩展

上面的几个案例主要介绍了几种不同类型的UI设计方法，在设计制作过程中主要使用了圆角矩形工具、基本绘图工具、渐变填充、收缩选区、图层样式、图层蒙版等命令，具体要求如下表：

名称		了解	理解	精通
圆角矩形工具			√	
基本绘图工具			√	
渐变填充			√	
收缩选区			√	
图层样式			√	
图层蒙版			√	

在短短几年的时间里，UI设计师越来越多，UI设计也越来越受到重视，本章主要对UI设计的基础知识做了一下讲解，但是如果想设计出优秀的UI作品，还需要自己不断去积累相关技巧以及多加练习。在下一章的学习中，我们将会接触到画册的设计与制作，你准备好了吗？让我们一起去迎接挑战吧！

第 7 章

传达理念
——企业宣传画册和折页设计

　　本章是我们学习的第22个小时，也是我们此次学习的最后一章，通过前面的学习，相信大家已经对Photoshop有了深入的认识。

　　在本章中我们将向读者介绍企业宣传画册和折页设计的相关知识，那么，它们与其他广告设计有什么区别呢？如何才能设计出精美的作品呢？带着这些问题进入本章的学习，你不仅能找到问题的答案，还可以自己动手设计不同类型的画册和折页。还在等什么呢？让我们一起开始吧！

学习目的	掌握不同类型企业宣传画册及折页的设计方法
知识点	图层蒙版、滤镜、剪贴蒙版
学习时间	3小时

茶道，源源流传
XINGJINGCHENGSHIJIAYUAN
HADAO RECHINA
XINGJINGCHENGSHIJIAYUAN

品茶之道，鉴赏中华文化
CULTURE CHINA
XINGJINGCHENGSHIJIAYUAN
BAZHUNGJINGCHENGSHIJIAYUAN

荷之秋

为了达到宣传的目的，企业宣传画册和折页的效果是最好的

企业宣传画册和折页是企业的一张名片，包含着企业的文化、荣誉、形象、产品等内容，展示了企业的精神和文化理念，它们必须能够正确传达企业的文化内涵，同时给受众带来卓越的视觉感受，进而达到宣传企业文化和提升企业价值的作用，例如下面的几幅作品，都是在生活中经常看到的企业宣传画册和折页，制作会很难吗？今天我们就一起来学习一下有关企业画册和折页的设计，我们先用1个小时的时间来学习一些基本的知识。

设计精美的画册

宣传画册的特点

首先，使用灵活、应用广泛。其次，内容系统性、针对性强。再次，价格低廉、印刷

制作宣传画册的意义

在现代商务活动中，画册在塑造企业形象和产品的营销中的作用越来越重要，宣

什么是折页设计

折页设计是在纸品印刷中对机构、企业、产品进行宣传或说明的图文并茂的一种设计

精美。宣传画册不同于其他排版设计，它要求视觉精美、档次高。最后，宣传画册印刷和印后加工方式多样化。

传画册可以展示企业的文化和精神、传达理念、提升企业的品牌力量，起着沟通桥梁的作用。

表现形式，由个性化的封面和风格化的页组成。

第22个小时

在第22个小时里，我们将首先学习版式设计方面的知识，因为画册、宣传页的设计都需要大量地运用排版方面的相关知识，通过这一个小时的学习，你将学会从全局上掌握设计的版式以及排版中的一些必要规范。

▲ *7.1* 版式设计的特点

版式设计，就是指在版面上将有限的视觉元素进行有机的排列组合，将理性思维、版式设计个性化地表现出来，它是一种具有个人风格和艺术特色的视觉传送方式，在传达信息的同时，也产生了感官上的美感。版式设计的范围，涉及报纸、刊物、书籍（画册）、产品样本、挂历、海报和网页页面等平面设计领域，其主要有如下特点：

➤ 思想性与单一性

版式设计本身并不是最终目的，设计是为了更好地传播信息的一种有效手段。设计师以往自我陶醉于个人风格以及与主题不相符的字体和图形设计中，而忽略了设计本身的目的与意义，这往往是造成设计平庸、失败的主要原因。一个成功的版式设计，首先必须明确客户的目的，并深入了解、观察、研究与设计有关的方方面面，简要的咨询是设计良好的开端。版式设计离不开内容，而且要充分体现内容的主题思想，从而吸引读者的注意力与好奇心。只有做到主题鲜明突出，和谐而不失重点，才能达到版式设计的最终目标。

➤ 艺术性与装饰性

为了使版式设计更好地为版面内容服务，寻求合适的版面视觉语言显得分外重要，同时也是为了达到最佳诉求的体现。构思立意是设计的第一步，也是设计作品中所进行的思维活动。主题明确后，版面构图布局和表现形式等则成为版面设计艺术的核心，这也是一个艰难的创作过程。怎样才能更好地设计出意新、形美、变化而又统一，并具有审美情趣的作品，这就要取决于设计者的文化涵养。所以说，版式设计是对设计者的思想境界、艺术修养、技术知识的全面检验。

版面的装饰因素是由文字、图形、色彩等通过点、线、面的组合与排列构成的，并采用夸张、比喻、象征的手法来体现视觉效果，既美化了版面，又提高了传达信息的功能。装饰是运用审美特征构造出来的。不同类型版面的信息，具有不同的装饰形式，不仅起着排除其他、突出版面信息的作用，而且能使读者从中获得美的享受。

➤ 趣味性与独创性

版式设计中的趣味性，主要是指形式的情趣。这是一种活泼性的版面视觉语言。如果版面中缺少精彩的内容，那么就要靠制造趣味来取胜，即在构思中通过调动艺术手段来达到一定的效果。版面充满趣味性会使传媒信息如虎添翼，起到画龙点睛的传神功力，从而使作品更具有吸引力。趣味性可采用寓意、幽默和抒情等表现手法来获得。

独创性原则实质上是指突出个性化特征的原则。鲜明的个性是版式设计的创意灵魂。试想，一个版面多是大同小异的单一化与概念化的内容，可想而知，它的记忆度有多少？更谈不上出奇制胜了。因此，要敢于思考、敢于别出心裁、敢于独树一帜，在排版设计中多一点个性少一些共性，多一点独创性少一点一般性，只有这样才能赢得消费者的青睐。

➤ 整体性与协调性

版式设计是传播信息的载体，所追求的完美形式必须符合主题的思想内容，这是版式设计的根基。只注重表现形式而忽略内容，或只求内容而缺乏艺术表现，都不能实现版式设计成功的目标。只有把形式与内容合理统一，强化整体布局，才能取得版面构成中独特的社会和艺术价值，才能解决设计应说什么、对谁说和怎样说的问题。

强调版面的协调性原则，也就是强化版面各种编排要素在版面中的结构以及色彩上的关联性。通过版面文字与图像间的整体组合与协调性的编排，使版面具有秩序美、条理美的特点，从而获得更好的视觉效果。如图7-1所示为精美的版式设计。

图7-1 精美的画册版式设计

▲*7.2* 版式设计的要求

一幅优秀的设计作品往往能够给人"恰到好处"的感觉，从专业的角度来看，除了要有良好的创意、适当的色彩搭配、清晰的图片之外，更重要的是要有合理的版式设计，版式设计的要求主要有以下几点：

➤ 主题鲜明突出

版式设计的最终目的是使版面产生清晰的条理性，用赏心悦目的视觉元素组织来更好地突出主题，达到最佳诉求效果。包括按照主从关系的顺序，使主体形象占据视觉中心，以充分表达主题思想；将文案中的多种信息做整体编排设计，以塑造主题的形象；在主体四周增加留白部分，使被强调的主题形象更加鲜明、突出。

➤ 形式与内容统一

版式设计的前提是，版式所追求的完美形式必须符合主题的思想内容，要通过完美、新颖的形式来表达主题。

➤ 强化整体布局

将版面的各种编排要素在编排结构及色彩上做整体设计，加强整体的结构组织，如水平结构、垂直结构、斜向结构和曲线结构；加强文案的集合性，将文案中的多种信息合成块状，使版面具有条理性；加强展开页的整体性，无论是产品目录的展开版，还是跨页版，均为在同一视线下展示， 加强整体性可获得良好的视觉效果。如图7-2所示为精美的画册版式设计。

图7-2 精美的画册版式设计

 制作房地产三折页.swf

 制作房地产三折页.psd

 制作美容产品宣传折页.swf

制作美容产品宣传宣传折页.psd

　　学习了与版式设计相关的知识后，你是不是在心里已经有了一个版面的概念了？如果给你一个版面，让你来设计，你能把它设计好吗？或者说能把它排得美观大方吗？如果你觉得可以，那么赶快在下面的练习中一展拳脚吧！

自测35 制作房地产三折页

本实例制作的是房地产宣传三折页，为了达到宣传的目的，运用了比较高贵的花纹纹理作为页面的底部图案，再加上一些房地产图片和叙述性文字来作为内容，下面来详细解析一下房地产三折页的具体制作方法。

请打开源图片

📽 视频地址：光盘\视频\第7章\制作房地产三折页.swf

🖼 源文件地址：光盘\源文件\第7章\制作房地产三折页.psd

01 执行"文件>新建"命令，在弹出的"新建"对话框中进行相应的设置。

02 按快捷键Ctrl+R将标尺显示出来，然后在标尺中拖出参考线作为出血线和折线。

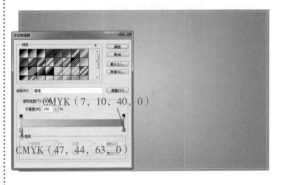

03 新建"图层1"，选择"渐变工具"，打开"渐变编辑器"对话框，设置渐变颜色，为画布填充径向渐变。

04 设置"前景色"为CMYK（72，73，100，53），使用"矩形工具"在画布中绘制矩形。

05 打开素材"光盘\源文件\第7章\素材\701.tif"，执行"编辑>定义图案"命令，在弹出的"图案名称"对话框中对参数进行设置。

06 新建"图层2"，执行"编辑>填充"命令，在弹出的"填充"对话框中进行相应的设置，然后单击"确定"按钮。

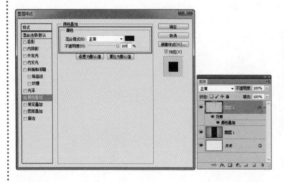

07 为"图层2"添加"颜色叠加"图层样式，并对相关参数进行设置。

08 单击"确定"按钮，完成"图层样式"对话框的设置，可以看到图像的效果。

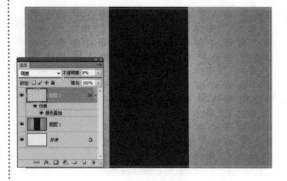

09 将"图层2"的"混合模式"设置为"明度"，将"不透明度"设置为8%。

10 打开并拖入素材文件"光盘\源文件\第7章\素材\702.tif"，设置其图层"混合模式"为"正片叠底"。

11 为"图层3"添加图层蒙版，设置"前景色"为黑色，然后使用"画笔工具"在图层蒙版中进行涂抹。

12 添加"色相/饱和度"调整图层，在弹出的"调整"面板中对相关参数进行设置。

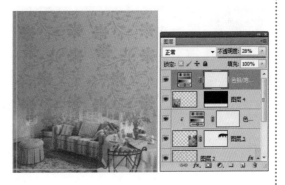

13 为"色相/饱和度"图层创建剪贴蒙版。

14 使用相同的方法，完成其他部分内容的制作。

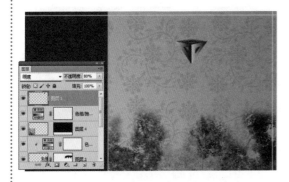

15 打开并拖入相应的素材文件，将其图层"混合模式"设置为"明度"、"不透明度"设置为80%。

16 选择"横排文字工具"，在"字符"面板上进行相应的设置，然后在画布中输入文字。

17 使用相同的方法，完成其他部分内容的制作。

18 选择"直排文字工具"，在"字符"面板中对相关参数进行设置，然后在画布中输入文字，并将其"不透明度"设置为18%。

19 使用相同的方法，完成其他部分内容的制作。

20 新建"图层6"，使用"钢笔工具"在画布中绘制路径，并将路径转换为选区。

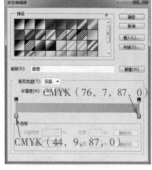

21 选择"渐变工具"，打开"渐变编辑器"对话框，设置渐变颜色，为选区填充线性渐变，并在画布中输入相应的文字。

22 新建"图层8"，使用"椭圆选框工具"在画布中绘制正圆形选区，并填充颜色为CMYK（77，7，89，0）。

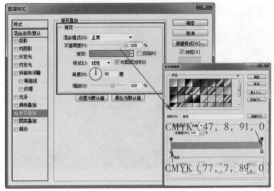

23 执行"选择>修改>收缩"命令，在弹出的对话框中进行设置，然后单击"确定"按钮，按Delete键将其删除。

24 为"图层8"添加"渐变叠加"图层样式，在弹出的对话框中进行相应的设置。

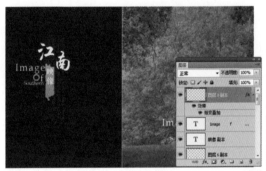

25 单击"确定"按钮，完成"图层样式"对话框的设置，可以看到图像的效果。

26 复制相应的图层，并移至适当的位置。

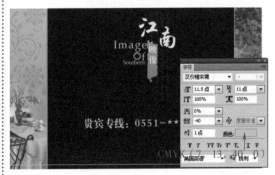

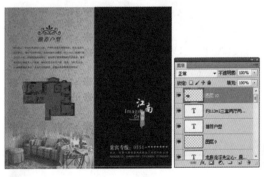

27 选择"横排文字工具"，在"字符"面板中进行设置，然后在画布中输入文字。

28 完成其他部分内容的制作，并拖入相应的素材文件。

29 完成房地产三折页正面的制作，得到最终效果。

30 执行"文件>新建"命令，在弹出的"新建"对话框中进行相应的设置。

31 使用相同的方法，在标尺中拖出参考线作为出血线和折线。

32 使用相同的方法，完成背景的制作。

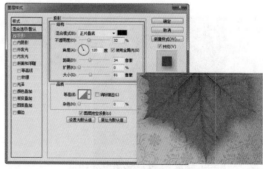

33 打开并拖入素材图像"光盘\源文件\第7章\素材\708.tif"。

34 为"图层3"添加"投影"图层样式，并在弹出的对话框中进行相应的设置。

35 打开并拖入素材文件"光盘\源文件\第7章\素材\709.tif"。

36 为"图层4"添加图层蒙版，设置"前景色"为黑色，然后使用"画笔工具"在图层蒙版中进行涂抹。

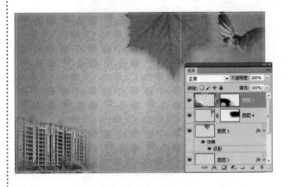

37 使用相同的方法，完成其他部分内容的制作。

38 复制"图层5"得到"图层5副本"，然后按快捷键Ctrl+T，对其进行适当的缩放和移动。

39 使用相同的方法，完成其他部分内容的制作。

40 打开并拖入素材文件"光盘\源文件\第7章\素材\711.tif"，设置其图层"混合模式"为"正片叠底"。

④1 使用相同的方法，完成其他部分内容的制作。 ④2 完成房地产三折页反面的制作。

④3 完成房地产三折页的制作，得到最终效果。

操作小贴士：

　　蒙版主要是在不损坏原图层的基础上新建一个活动的蒙版图层，可以在该蒙版图层上做许多处理，但有些处理必须在真实的图层上操作。所以使用蒙版一般都要复制一个图层，在必要时可以拼合图层，这样才能够做出美丽的效果。当然，在使用蒙版对图像进行操作时，如果效果不好，可以将蒙版图层删除，而不会损害原来的图像。

　　在默认情况下，添加的图层蒙版是白色的，通过观察可以看出，当图层蒙版的颜色为白色时，该图层中的图像没有任何部分被遮盖住。如要将图层蒙版填充为黑色，则该图层中的图像就会完全消失。

自测36　设计美容产品宣传折页

　　本实例设计一个美容产品宣传折页，运用红色和浅黄色作为主色调，整个宣传折页的构图简练，文字与图片的结合具有一定的空间感，不仅能够有效地传达信息，而且具有一定的审美感。

请打开源图片

　　视频地址：光盘\视频\第7章\设计美容产品宣传折页.swf
　　源文件地址：光盘\源文件\第7章\设计美容产品宣传折页.psd

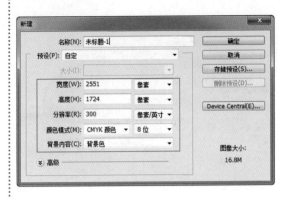

01 执行"文件>新建"命令，在弹出的"新建"对话框中进行相应的设置。

02 执行"视图>标尺"命令，显示文档标尺，在画布中拖出折页处参考线，并定位四边的出血区域。

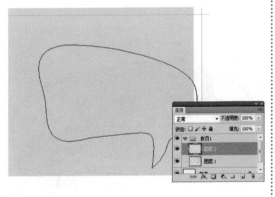

03 新建"折页1"图层组，并在该组中新建"图层1"，然后设置"前景色"为CMYK（0，10，50，0），使用"圆角矩形工具"在画布中绘制圆角矩形。

04 新建"图层2"，使用"钢笔工具"在画布中绘制路径。

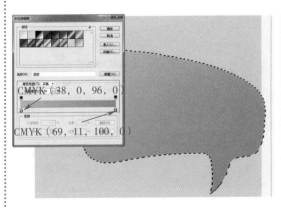

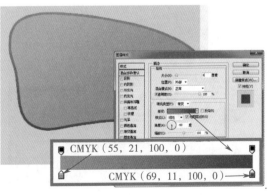

05 将路径转换为选区，选择"渐变工具"，设置渐变颜色，在选区中填充线性渐变。

06 为"图层2"添加"描边"图层样式，并对相关参数进行设置。

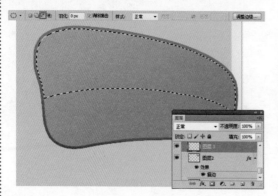

07 载入"图层2"选区，新建"图层3"，然后选择 "椭圆选框工具"，在选项栏上单击"从选区 减去"按钮，从当前选区中减去相应的选区。

08 使用相同的方法，在选区中填充线性渐变，并 设置"不透明度"为65%。

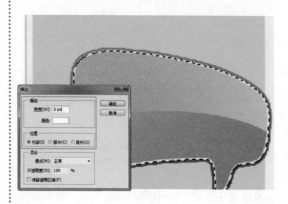

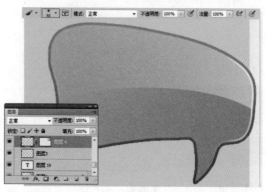

09 载入"图层2"选区，新建"图层4"，然后执 行"编辑>描边"命令，在弹出的"描边"对 话框中对相关参数进行设置。

10 为"图层4"添加图层蒙版，设置"前景色" 为黑色，然后使用"画笔工具"在蒙版中涂抹 不需要高光的部分。

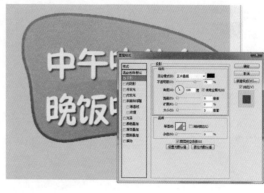

11 使用"横排文字工具"在画布中输入文字。

12 为文字图层添加"投影"图层样式，并对相关 参数进行设置。

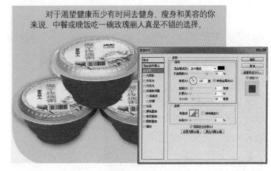

13 使用"横排文字工具"在画布中输入其他文字。

14 打开并拖入素材"光盘\源文件\第7章\素材\716.tif",并为该图层添加"投影"图层样式。

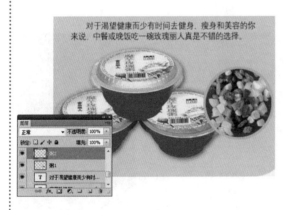

15 使用相同的方法,打开并拖入其他素材,并调整到合适的位置。

16 设置"前景色"为CMYK(10,100,100,0),使用"矩形工具"在画布中绘制矩形。

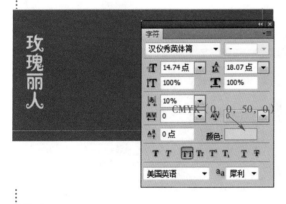

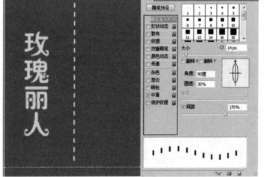

17 使用"直排文字工具"在画布中输入其他文字。

18 新建"图层6",设置"前景色"为白色,然后选择"画笔工具",在"画笔"面板中对相关参数进行设置,并按住Shift键在画布中进行绘制。

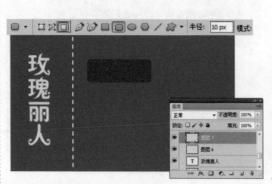

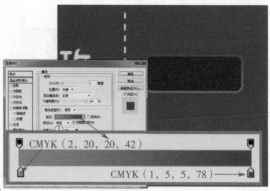

19 新建"图层7",设置"前景色"为CMYK（0，100，100，45），然后使用"圆角矩形工具"在画布中绘制圆角矩形。

20 为该图层添加"描边"图层样式，并对相关参数进行设置。

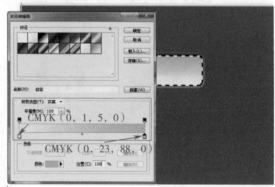

21 载入"图层7"选区，新建"图层8"，然后执行"选择>修改>收缩"命令，在弹出的对话框中对相关参数进行设置。

22 选择"渐变工具"，设置渐变颜色，在选区中填充线性渐变。

23 新建"图层9"，使用"圆角矩形工具"在画布中绘制路径，并将其转换为选区，然后在选区中填充线性渐变。

24 使用"横排文字工具"在画布中输入其他文字。

25 使用相同的方法，完成相似内容的制作。

26 新建"折页2"图层组，在该组中新建"图层13"，然后使用"矩形工具"在画布中绘制矩形。

27 打开并拖入素材"光盘\源文件\第7章\素材\718.tif"，并为该图层添加"投影"图层样式。

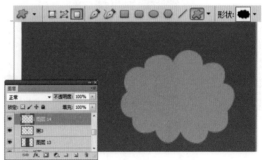

28 新建"图层14"，设置"前景色"为CMYK（0，44，99，0），然后使用"自定形状工具"在画布中进行绘制。

29 使用相同的方法，完成相似图形的绘制。

30 使用"横排文字工具"在画布中输入其他文字。

③1 使用相同的方法，完成相似内容的制作。

③2 打开并拖入素材"光盘\源文件\第7章\素材\719.tif"。

③3 为该图层添加图层蒙版，然后使用"矩形选框工具"在画布中绘制选区，并按快捷键Ctrl+Shift+I反向选择选区，将其填充为黑色。

③4 使用相同的方法，完成其他部分内容的制作。

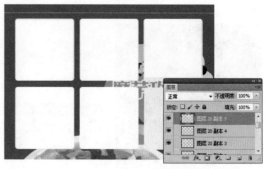

③5 新建"折页3"图层组，在该组中新建"图层20"，然后使用"圆角矩形工具"在画布中绘制圆角矩形。

③6 多次复制"图层20"，并分别将其调整到合适的位置。

37 打开并拖入素材"光盘\源文件\第7章\素材\721.tif"。

38 按快捷键Ctrl+Alt+G，为该图层创建剪贴蒙版。

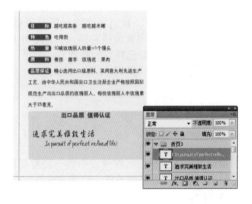

39 使用相同的方法，完成相似内容的制作。

40 使用相同的方法，完成其他部分内容的制作。

41 完成美容产品宣传折页正面内容的制作。

42 完成美容产品宣传折页背面内容的制作。

剪贴蒙版由两部分组成，即基层与内容层。基层位于整个剪贴蒙版的底部，而内容层位于剪贴蒙版中基层的上方。剪贴蒙版可使某个图层的内容遮盖其上方的图层，这种效果由底部图层或基层决定。基层的非透明内容将在剪贴蒙版中显示它上方的图层内容。

第23个小时

在第23个小时中，我们将会接触画册设计方面的知识，通过这个小时的学习，以后每当你看到画册，要能正确地分析出其风格和特点，在心里面要能对其设计有一个大概的了解。通俗地说，就是要能设计出不同风格、有自己特点的画册。

▲ *7.3*　画册设计的特点及风格

画册属于企业视觉系统建设中的一项重要内容，它是企业的一种名片，是沟通企业和客户的桥梁。优秀的画册能够提升品牌价值，打造企业影响力。接下来让我们一起学习有关画册设计及风格的内容。

1. 企业画册

➤ 展示型画册

该类画册主要用来展示企业的优势，十分注重企业的整体形象，画册的使用周期基本为一年。

➤ 问题型画册

该类画册主要用来解决企业的营销问题、提升企业的品牌知名度等，适合于发展快速、新上市、需转型、出现转折期的企业，比较注重企业的产品和品牌理念，画册的使用周期较短。

➤ 思想型画册

一般出现在领导型企业，较注重企业思想的传达，画册的使用周期为一年。

2. 画册的特点

➤ 内容准确真实

画册与招贴广告同属于视觉形象化的设计，都是通过形象的表现手法，在画册作品中塑造产品艺术形象来吸引消费者接受宣传的主题，以达到准确介绍商品、促进销售的目的，所以画册的内容应准确真实。

➤ 介绍仔细详实

画册为了保证有长时间的广告诉求效果，使消费者对广告有仔细品味的余地，应仔细详尽地介绍说明产品的性能特点和使用方法。同时可以提供各种类型、不同角度的产品照片以及工作原理图纸、科学试验的数据、图表等，以便于用户合理选择、正确操作使用和维修保养。

➤ 印刷精美别致

画册有着近似于杂志广告的媒体优势，即印刷精美、精读率高，相对来说，这一点是招贴广告所不具备的。因此画册要充分利用现代先进的印刷技术所印制的影像逼真、色彩鲜明的产品和劳务形象来吸引消费者。同时通过表述清楚、语言生动的广告文案使宣传册以图文并茂的视觉优势，有效地传递广告信息，吸引并说服消费者，使其对产品和劳务留下深刻的印象。

➤ 散发流传广泛

　　画册可以大量印发、邮寄到代销商或随商品发到用户手中或通过产品展销会、交易会分发给到会观众，从而使广告产品或劳务信息广为流传。由于画册开本较小，因此便于邮寄和携带，同时有些样本也可以作为技术资料长期保存。如图7-3所示为精美的企业宣传画册。

图7-3　精美的企业宣传画册

 设计招商画册.swf

 设计招商画册.psd

 设计学校宣传画册.swf

设计学校宣传画册.psd

了解了宣传画册的相关知识，我们基本上可以应用所学到的画册设计知识开始设计制作企业宣传画册了。不知道大家对这部分的理论知识掌握得怎么样，那么下面就一起动手，练习各种类型的企业宣传画册设计，然后在实践中补缺补漏吧！接下来给出两个实例，你可以先预览一下，考查一下自己是不是可以设计出这样的宣传画册。

自测37　设计招商画册

　　招商画册作为企业的一种视觉传达的招商手段，在传达商业信息的同时，直接体现了企业的公共形象，产生了与受众之间的亲和力。如本实例中的招商宣传画册，不仅色调协和统一、构图合理美观，而且依据不同的内容、不同的主题特征进行了优势整合，统筹规划，最终得到一个最佳的整体效果。

请打开源图片

📽 视频地址：光盘\视频\第7章\设计招商画册.swf

🖼 源文件地址：光盘\源文件\第7章\设计招商画册.psd

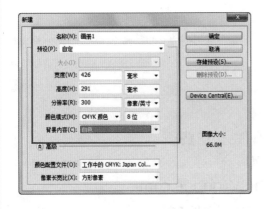

01　执行"文件>新建"命令，弹出"新建"对话框，对相关参数进行设置，然后单击"确定"按钮，新建一个文档。

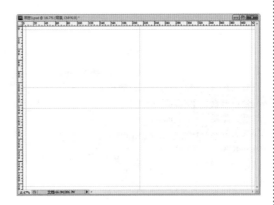

02　执行"视图>标尺"命令，显示文档标尺，在画布中拖出参考线，然后按快捷键Alt+Ctrl+；锁定参考线。

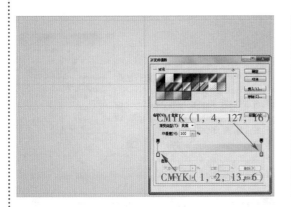

03　选择"渐变工具"，打开"渐变编辑器"对话框，设置渐变颜色，在画布中填充径向渐变。

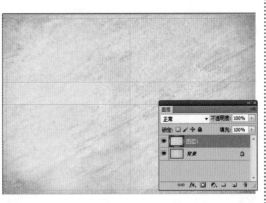

04　打开并拖入素材"光盘\源文件\第7章\素材\734.tif"，此时会自动生成"图层1"。

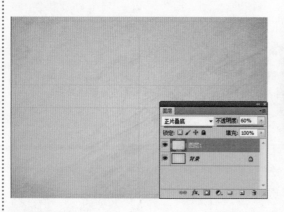

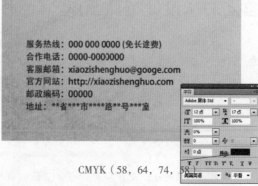

CMYK（58，64，74，58）

05 设置"图层1"的图层"混合模式"为"正片叠底"、"不透明度"为60%。

06 选择"横排文字工具"，在"字符"面板进行参数设置，然后在画布中输入文字。

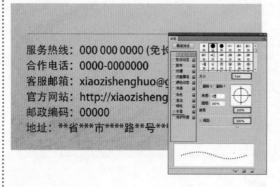

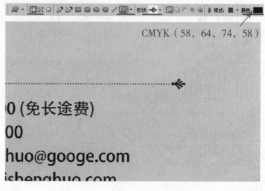

CMYK（58，64，74，58）

07 新建"图层2"，设置"前景色"为CMYK（58，64，74，58）。选择"画笔工具"，在"画笔"面板上对相关参数进行设置，然后在画布中绘制虚线。

08 选择"自定形状工具"，对相关参数进行设置，然后在画布中绘制图形。

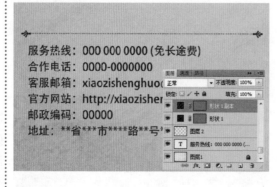

09 复制"形状1"得到"形状1副本"，执行"编辑>变换>水平翻转"命令，并调整复制得到的图形至合适的位置。

10 对相关图层进行合并，并复制合并后的图层，调整复制得到的图像到合适的位置。

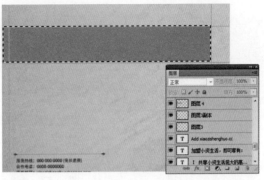

11 使用相同的方法，完成其他相似图像的绘制。

12 新建"图层4"，使用"矩形选框工具"在画布中绘制选区，并为选区填充颜色CMYK（1，10，52，37）。

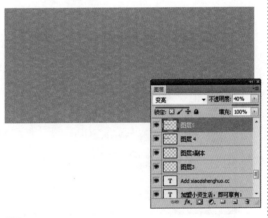

13 打开并拖入素材"光盘\源文件\第7章\素材\735.tif"，将其调整到合适的位置。

14 设置"图层5"的"混合模式"为"变亮"、"不透明度"为40%。

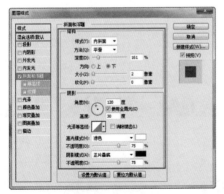

15 打开并拖入素材"光盘\源文件\第7章\素材\736.tif"，为其添加"斜面和浮雕"图层样式，并对相关参数进行设置。

16 单击"确定"按钮，完成对话框的设置，可以看到图像的效果。

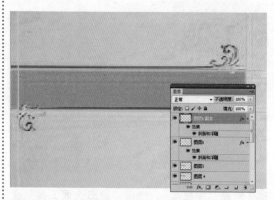

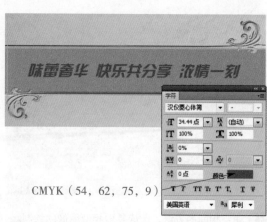

CMYK（54，62，75，9）

17 复制"图层6"得到"图层6副本"，执行"编辑>变换>垂直翻转"命令，然后执行"编辑>变换>水平翻转"命令，并调整图像到合适的位置。

18 选择"横排文字工具"，在"字符"面板中进行设置，然后在画布中输入文字。

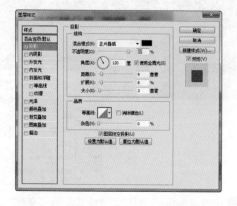

19 为此文字图层添加"投影"图层样式，并对相关参数进行设置。

20 单击"确定"按钮，完成对话框的设置，可以看到图像的效果。

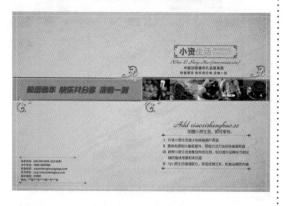

21 使用相同的方法，完成其他相似图像的制作。

22 完成封面和封底的制作，可以看到最终效果。

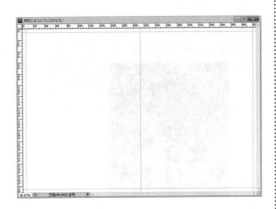

23 执行"文件>新建"命令，弹出"新建"对话框，对相关参数进行设置，然后单击"确定"按钮，新建一个文档。

24 执行"视图>标尺"命令，显示文档标尺，在画布中拖出参考线，然后按快捷键Alt+Ctrl+；锁定参考线。

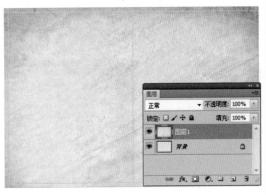

25 为"背景"图层填充颜色CMYK（2，4，20，0）。

26 打开并拖入素材"光盘\源文件\第7章\素材\734.tif"，此时会自动生成"图层1"。

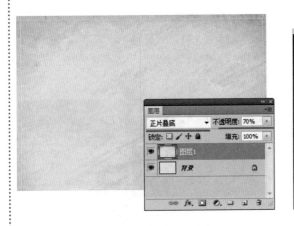

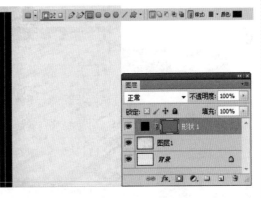

27 设置"图层1"的"混合模式"为"正片叠底"、"不透明度"为70%。

28 设置"前景色"为CMYK（65，72，81，60），使用"矩形工具"在画布中绘制矩形图形。

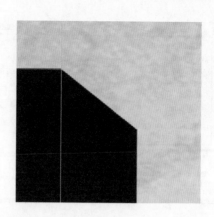

29 使用"添加锚点工具"在矩形图形边缘处添加锚点。

30 使用"直接选择工具"选中矩形图形右上角的锚点，然后按Delete键删除锚点。

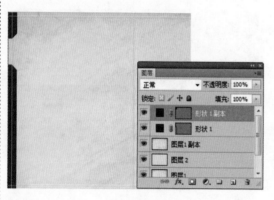

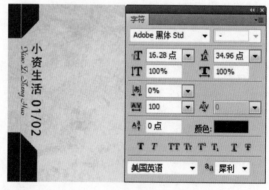

31 复制"形状1"图层得到"形状1副本"图层，执行"编辑>变换>垂直翻转"命令，并调整其至合适的位置。

32 选择"直排文字工具"，在"字符"面板上进行设置，然后在画布中输入文字。

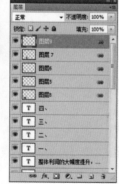

33 使用相同的方法，绘制出其他部分相似图像。

34 打开并拖入素材"光盘\源文件\第7章\素材\743.tif"。

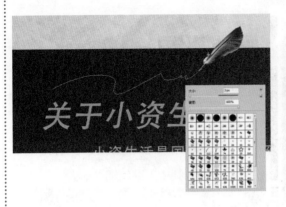

35 新建"图层11"，选择"钢笔工具"，设置笔触大小，然后在画布上绘制路径。

36 设置"前景色"为CMYK（20，30，60，0），显示"路径"面板，然后在"路径"面板上单击"用画笔描边路径"按钮。

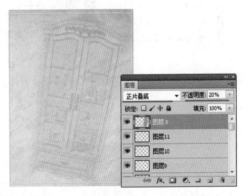

37 使用"橡皮擦工具"对图像的多余部分进行擦除。

38 打开并拖入素材"光盘\源文件\第7章\素材\744.tif"，然后设置其"混合模式"为"正片叠底"、"不透明度"为20％。

39 使用相同的方法，完成其他部分相似图像的制作。

40 完成宣传册内页的制作，可以看到最终效果。

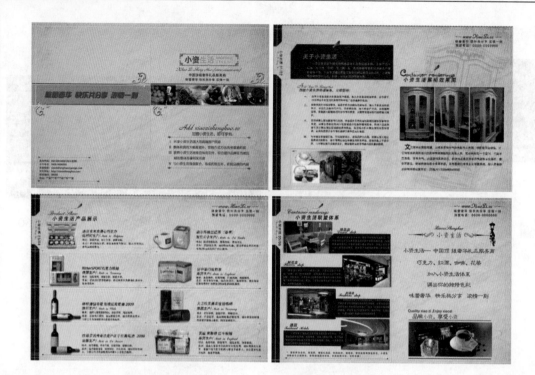

41 使用相同的方法，完成画册其他内页的制作，得到最终效果。

操作小贴士：

在Photoshop中，除了使用工具箱中的"添加锚点工具" 和"删除锚点工具" 在路径上添加或删除锚点外，还可以使用"钢笔工具"，选择选项栏中的"自动添加/删除"复选框，在路径上添加或删除锚点。选中该复选框后，"钢笔工具"具有添加/删除锚点的功能。当路径处于选中状态时，将"钢笔工具"移至路径上，当光标变为 状时，单击鼠标可以添加锚点。将"钢笔工具"移至路径的锚点上，当光标变为 状时，单击鼠标可以删除锚点。

自测38　设计学校宣传画册

本实例设计一个学校宣传画册，以蓝色为主色调，表现出理想、年青、有活力，通过蓝天、白云、花草、建筑等素材的运用，表现出整个校园生机勃勃的景象。整个画册页面构图简练，同时注重文字与图片的版面设计，以达到和谐、突出重点的目的。

请打开源图片

视频地址：光盘\视频\第7章\设计学校宣传画册.swf

源文件地址：光盘\源文件\第7章\设计学校宣传画册.psd

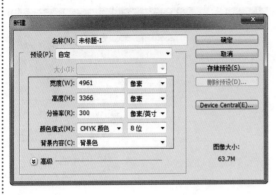

01 执行"文件>新建"命令，在弹出的"新建"对话框中进行相应的设置。

02 执行"视图>标尺"命令，显示文档标尺，在画布中拖出折页处的参考线，并定位四边的出血区域。

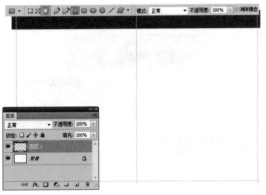

03 新建"图层1"，设置"前景色"为CMYK（89，74，57，24），然后使用"矩形工具"在画布中绘制矩形。

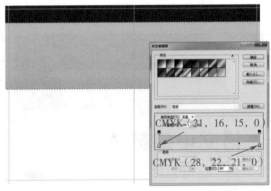

04 新建"图层2"，使用"矩形选框工具"在画布中绘制选区，并在选区中填充线性渐变。

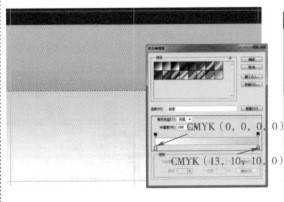

05 新建"图层3"，在画布中绘制选区，并填充线性渐变。

06 新建"封面"图层组，在该组中打开并拖入素材"光盘\源文件\第7章\素材\770.tif"，然后将其调整到合适的位置。

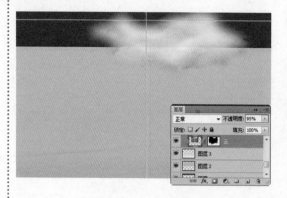

07 为该图层添加图层蒙版，设置"前景色"为黑色，然后使用"画笔工具"在蒙版中进行涂抹，并设置"不透明度"为95％。

08 打开并拖入其他素材，将其调整到合适的位置和大小。

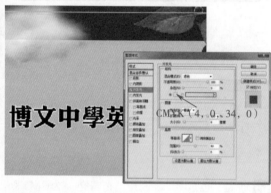

09 使用"横排文字工具"在画布中输入文字。

10 为文字图层添加"外发光"图层样式，并对相关参数进行设置。

11 使用"横排文字工具"在画布中输入其他文字。

12 打开并拖入素材"光盘\源文件\第7章\素材\773.tif"。

13 为该图层添加图层蒙版，并在蒙版中填充黑白渐变。

14 新建"封底"图层组，在该组中打开并拖入素材"光盘\源文件\第7章\素材\774.tif"。

15 打开并拖入其他素材，将其调整到合适的位置。

16 使用"横排文字工具"在画布中输入其他文字。

17 完成学校画册封面封底的制作。

18 新建文件，显示文档标尺，并拖出相应的参考线。

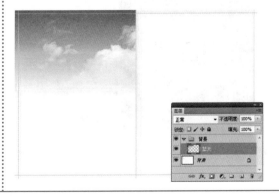

19 新建"背景"图层组，在该组中打开并拖入素材"光盘\源文件\第7章\素材\蓝天.tif"。

20 打开并拖入其他素材，分别将其调整到合适的位置和大小。

21 新建"图层1"，设置"前景色"为CMYK（85，46，58，2），然后使用"矩形工具"在画布中绘制矩形。

22 新建"画册内页1"图层组，在该组中打开并拖入素材"光盘\源文件\第7章\素材\784.tif"。

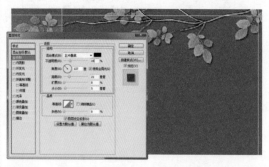

23 为该图层添加"投影"图层样式，并对相关参数进行设置。

24 打开并拖入素材"光盘\源文件\第7章\素材\785.tif"，并对其进行旋转。

25 为该图层添加"描边"图层样式，并对相关参数进行设置。

26 使用相同的方法，打开并拖入素材到合适的位置。

27 使用"横排文字工具"在画布中输入其他文字。

28 使用相同的方法，完成其他部分内容的制作。

29 完成学校画册内页内容的制作。

30 完成其他部分画册内页内容的制作。

31 完成该学校宣传画册的设计，得到最终效果。

操作小贴士：

　　使用图层蒙版的好处在于操作中只是用黑色和白色来显示或隐藏图像，而不是删除图像。如果误隐藏了图像或需要显示出原来已经隐藏的图像，可以在蒙版中将与图像对应的位置涂抹为白色，如果要继续隐藏图像，可以在其对应的位置涂抹黑色。

　　单击图层缩览图可以退出图层蒙版的编辑状态，选择图层蒙版，将图层蒙版直接拖动至"图层"面板中的"删除图层"按钮 🗑 上，在弹出的对话框中单击"删除"按钮，即可删除图层蒙版。

第24个小时

在Photoshop中，很多效果的制作都离不开滤镜的使用，但是在什么情况下应该使用哪一种滤镜？如何使用这种滤镜呢？在最后的第24个小时里，我们将学习与滤镜有关的知识，它是制作效果的好帮手，也是Photoshop中的一个难点。通过这一个小时的学习，你能够掌握滤镜的应用，让你的Photoshop技术更上一层楼。

▲ *7.4* 滤镜的使用规则和技巧

在设计的过程中，经常会用滤镜来制作一些特殊的效果，那么你对滤镜的使用规则和技巧了解吗？接下来就让我们一起来学习吧！

1. 滤镜的使用规则

· 滤镜可以应用在图层蒙版、快速蒙版和通道中。

· 使用滤镜处理图层中的图像时，该图层必须是可见的。如果创建了选区，滤镜只应用于选区内的图像，如果没有选区，则应用于当前图层。

打开一张素材图像，如图7-4所示。使用"椭圆选框工具"在画布中创建选区，如图7-5所示。

图7-4　素材图像　　　　　　　　　　　　　　图7-5　创建选区

执行"滤镜>模糊>径向模糊"命令，弹出"径向模糊"对话框，设置参数如图7-6所示。设置完成后可以看到图像效果，如图7-7所示。

图7-6　"径向模糊"对话框　　　　　　　　　　图7-7　图像效果

· 只有"云彩"滤镜可以应用在没有像素的区域，其他滤镜都必须应用在包含像素的区域，否则不能使用。

· RGB模式的图像可以使用全部滤镜，部分滤镜不能用于CMYK模式的图像，索引模式和位图模式的图像不能使用滤镜，如果需要对位图、索引或CMYK模式的图像应用一些特殊滤镜，可先将其转换为RGB模式，再进行处理。

· 要将文字转换为图形后才可以应用滤镜。

2. 滤镜的使用技巧

在使用滤镜命令前，滤镜菜单第一行显示"上次滤镜操作"，如图7-8所示。当执行完一次滤镜命令后，"滤镜"菜单的第一行就会变成该滤镜的名称，如图7-9所示。单击该名称或按快捷键Ctrl+F，便可快速应用这一滤镜。如果想对该滤镜的参数进行调整，可以按快捷键Alt+Ctrl+F，弹出该滤镜的对话框，重新设置参数。

滤镜(T)	分析(A)	3D(D)	视图(V)
上次滤镜操作(F)			Ctrl+F

滤镜(T)	分析(A)	3D(D)	视图(V)
云彩			Ctrl+F

图7-8　显示上次滤镜操作　　图7-9　显示刚应用过的滤镜的名称

使用滤镜时，通常会打开滤镜库或相应的对话框，在预览框中可以预览滤镜效果，单击 ➕ 或 ➖ 按钮可放大或缩小显示比例；单击并拖曳预览框内的图像，可移动图像，如图7-10所示。如果想要查看某一区域内的图像，可在文件中单击，此时滤镜预览框中会显示单击处的图像（该操作不能应用于所有滤镜预览框），如图7-11所示。

图7-10　移动预览区域　　　　　　图7-11　预览区域图像

对图像应用滤镜后，可以执行"编辑>渐隐"命令，修改滤镜效果的"混合模式"和"不透明度"，如图7-12所示为图像应用了"龟裂缝"滤镜。执行"编辑>渐隐"命令，在弹出的对话框中进行相应的调整，单击"确定"按钮，效果如图7-13所示。"渐隐"命令必须在进行滤镜操作后立即执行，如果期间进行了其他操作，将无法执行该命令，而且"渐隐"命令操作的对象必须是图层。

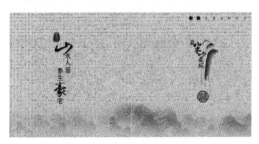 

图7-12　应用"龟裂缝"滤镜的效果　　　　图7-13　设置后的效果

▲ 7.5　智能滤镜

在Photoshop中，将图层转换为智能对象后应用的滤镜即为智能滤镜。智能滤镜是一种非破坏性的滤镜，可以像使用图层样式一样随时调整滤镜参数，还可以隐藏或删除滤镜，这些操作都不会对图像造成实质性的破坏。除"液化"和"消失点"滤镜外，其他滤镜都可以作为智能滤镜使用。

打开图像及图像所对应的图层，在"图层"面板中选择"图层1"，如图7-14所示。

图7-14　图像及图像所对应的图层

执行"滤镜>转换为智能滤镜"命令，在弹出的对话框中单击"确定"按钮，接着执行"滤镜>扭曲>波浪"命令，弹出"波浪"对话框，设置相关参数，如图7-15所示，可以看到设置后的图像效果，如图7-16所示。

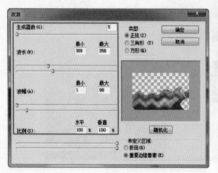

图7-15　"波浪"对话框　　　　　　　　　图7-16　图像效果

在刚刚的一个小时中，我们学习了滤镜的使用方法和技巧，你掌握了吗？如果你觉得还有点生疏，没有关系，在平时的学习中多加练习吧！接下来给出的案例，是本书的最后一个案例，虽然本书已经接近尾声，但我们的Photoshop之旅还很漫长，希望在以后的学习生活中，大家能把Photoshop用得越来越精湛。下面，让我们一起去学习本书的最后一个案例吧！

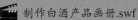 制作白酒产品画册.swf

制作白酒产品画册.psd

自测39 制作白酒产品画册

　　本实例设计一个白酒产品画册，运用富有中国特色的深红色作为主色调，还运用了一些古典的图案纹理、比较古老的房屋建筑和一些历史介绍等，使整个画册充满中国古典气息，从而突出了产品的悠久历史和精湛的酿酒技术。

请打开源图片

🎬 视频地址：光盘\视频\第7章\制作白酒产品画册.swf

🖼 源文件地址：光盘\源文件\第7章\制作白酒产品画册.psd

01 执行"文件>新建"命令，在弹出的"新建"对话框中进行相应的设置。

02 按快捷键Ctrl+R显示标尺，在标尺中拖出参考线作为出血线和折线。

03 设置"前景色"为CMYK（75，93，90，72），为画布填充前景色。

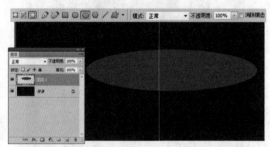

04 新建"图层1"，设置"前景色"为CMYK（41，100，100，6），然后使用"椭圆工具"在画布中进行绘制。

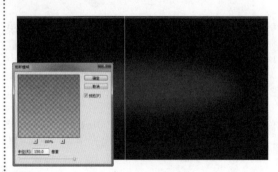

05 执行"滤镜>模糊>高斯模糊"命令，在弹出的对话框中进行设置，然后单击"确定"按钮。

06 按快捷键Ctrl+T对其进行适当的旋转，并调整到合适的位置，然后设置其"不透明度"为63%。

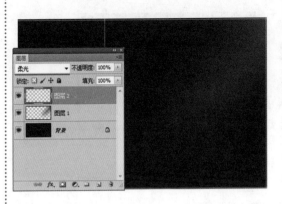

07 打开并拖入素材图像"光盘\源文件\第7章\素材\7109.tif",设置其"混合模式"为"柔光"。

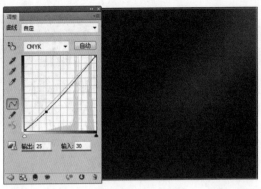

08 添加"曲线"调整图层,在弹出的"调整"面板中进行相应的设置。

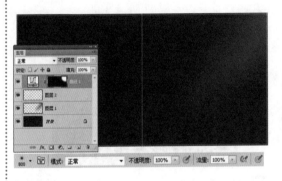

09 设置"前景色"为黑色,使用"画笔工具"在蒙版中进行涂抹。

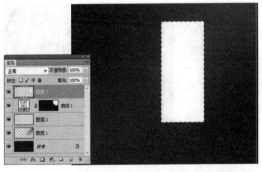

10 新建"图层3",使用"矩形选框工具"在画布中绘制矩形选区,并为选区填充白色。

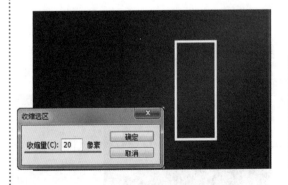

11 执行"选择>修改>收缩"命令,在弹出的对话框中进行相应的设置,然后单击"确定"按钮,按Delete键删除。

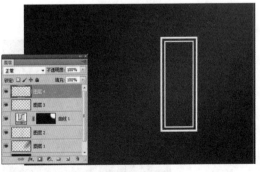

12 使用相同的方法,完成其他部分内容的绘制。

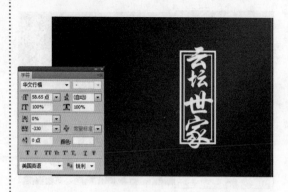

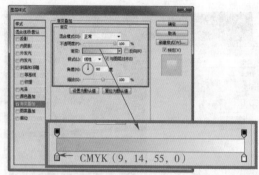

⑬ 使用"直排文字工具"输入文字，并改变部分文字的大小。

⑭ 为相应的图层添加"渐变叠加"图层样式，并对相关参数进行设置。

⑮ 单击"确定"按钮，完成对话框的设置，可以看到图像的效果。

⑯ 选择"橡皮擦工具"，在选项栏上对相关参数进行设置，然后对相应图层中的图像进行擦除。

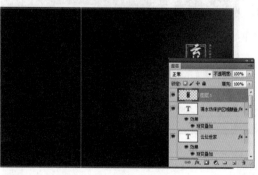

⑰ 使用相同的方法，完成其他部分内容的绘制。

⑱ 打开并拖入素材文件"光盘\源文件\第7章\素材\7110.tif"。

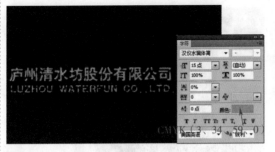

19 选择"横排文字工具",在"字符"面板中进行相应的设置,然后在画布中输入文字。

20 完成画册封面的制作,得到最终效果。

21 执行"文件>新建"命令,在弹出的"新建"对话框中进行相应的设置。

22 使用相同的方法,在标尺中拖出参考线作为出血线和折线。

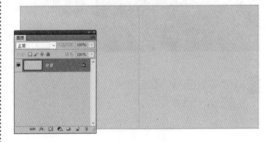

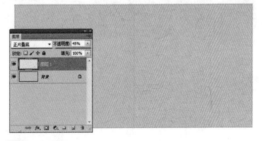

23 设置"前景色"为CMYK(1,16,30,0),为画布填充前景色。

24 打开并拖入素材文件"光盘\源文件\第7章\素材\7111.tif",设置其"混合模式"为"正片叠底"、"不透明度"为45%。

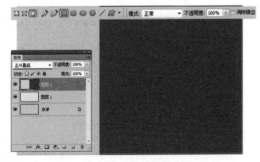

25 新建"图层2",设置"前景色"为CMYK(33,100,100,1),然后使用"矩形工具"在画布中进行绘制,并设置其"混合模式"为"正片叠底"。

26 使用相同的方法,完成其他部分内容的绘制。

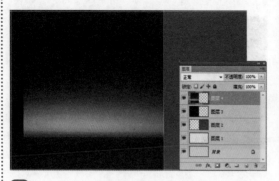

27 打开并拖入素材文件"光盘\源文件\第7章\素
材\7112.tif"。

28 使用相同的方法，拖入相应的素材文件，并为
其添加"曲线"调整图层。

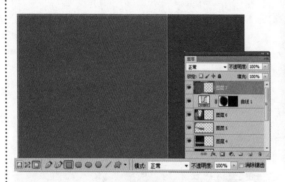

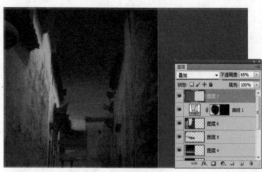

29 新建"图层7"，设置"前景色"为CMYK
（30，74，100，0），然后使用"矩形工
具"在画布中绘制矩形。

30 设置该图层的"混合模式"为"叠加"、"不
透明度"为65%。

CMYK（64，99，100，63）

31 新建"图层8"，使用"矩形选框工具"在画
布中绘制矩形选区。

32 选择"渐变工具"，设置渐变颜色，为选区填
充径向渐变。

33 设置该图层的"不透明度"为50%，可以看到图像的效果。

34 使用相同的方法，完成其他部分内容的制作。

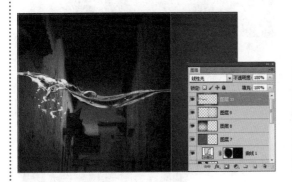

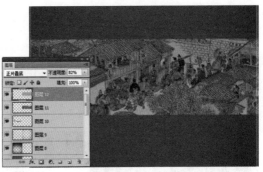

35 拖入相应的素材文件，设置其"混合模式"为"线性光"。

36 使用相同的方法，完成其他部分内容的制作。

37 选择"横排文字工具"，在"字符"面板中进行相应的设置，然后在画布中输入文字。

38 使用相同的方法，完成其他部分内容的制作，并拖入相应的素材文件。

39 完成画册内页的制作，得到最终效果。

40 执行"文件>新建"命令，在弹出的"新建"对话框中进行相应的设置。

41 使用相同的方法，在标尺中拖出参考线作为出血线和折线。

42 使用相同的方法，拖入相应的素材文件，并对其进行设置。

43 使用相同的方法，完成其他部分内容的制作。

44 选择"直排文字工具"，在"字符"面板中进行相应的设置，然后在画布中输入文字。

45 完成其他部分内容的制作，并拖入相应的素材文件。

46 完成内页的制作，得到最终效果。

47 使用相同的方法，完成该白酒产品画册其他内页的制作，得到最终效果。

操作小贴士：

　　蒙版分为白蒙版和黑蒙版两种，白色为显示，即可见的；黑色为遮盖，即不可见的。在有选区的状态下建立的都是有遮盖的黑蒙版，在无选区状态下创建的通常是白蒙版。如果想建立黑蒙版，按住Alt键单击"添加图层蒙版"按钮 ▣ ，就可以添加一个遮版，然后将"前景色"设置为白色，这样就可以画出自己想要的区域了。同理类推，黑色可以遮盖不想看到的部分。

　　在对图层蒙版进行渐变填充时，默认情况下填充为黑白渐变，因为是对图层蒙版进行操作，只有黑、白、灰3种颜色，填充的只是遮挡范围，和颜色没有关系。

自我评价

　　通过以上几个不同类型的企业宣传画册和折页设计的练习，相信你已经对企业宣传画册及折页设计没有那么陌生了。通过学习本章，大家能够熟练掌握企业宣传画册及折页设计的制作方法、设计思路和版式设计要求，在以后的工作或学习中设计出有个性、新颖、富有视觉冲击力的作品。

总结扩展

　　上面的几个实例主要介绍了几种不同类型的企业宣传画册及折页设计的方法，在设计制作过程中主要使用了钢笔工具、渐变填充、形状工具、图层样式、图层蒙版、滤镜、剪贴蒙版等命令，具体要求如下表：

	了解	理解	精通
钢笔工具			√
渐变填充			√
形状工具			√
图层样式			√
图层蒙版		√	
滤镜		√	
剪贴蒙版		√	

　　企业宣传画册和折页设计通过使用灵活、应用广泛、内容系统性、针对性强、价格低廉等特点，展示企业的文化、精神，传达理念，提升企业的品牌力量。本章主要介绍了企业宣传画册和折页设计制作的相关知识以及实例制作，完成了本章的学习后，要求大家能够熟练掌握各种企业宣传画册和折页的设计制作，理解画册的设计思路和表现方法。在今后，大家要通过大量的实例练习，逐步提高这方面的水平。

啃苹果——就是要玩iPad

刘正旭 编著

DIY自拍

网上冲浪

移动存储

休闲阅读

办公应用

在线开店

购物梦想

ISBN 978-7-111-35857-2

定价：32.80元

苹果的味道——iPad商务应用每一天

袁烨 编著

商务办公，原来如此轻松

7：00~9：00——将碎片化为财富

9：00~10：00——从井井有条开始

10：00~11：00——网络化商务沟通

11：00~12：00——商务参考好帮手

13：00~14：00——商务文档的制作

14：00~15：00——商务会议中的iPad

15：00~16：00——打造商务备忘录

16：00~17：00——云端商务

ISBN 978-7-111-36530-3

定价：59.80元

机工出版社·计算机分社读者反馈卡

尊敬的读者:

感谢您选择我们出版的图书!我们愿以书为媒,与您交朋友,做朋友!

参与在线问卷调查,获得赠阅精品图书

凡是参加在线问卷调查或提交读者信息反馈表的读者,将成为我社书友会成员,将有机会参与每月举行的"书友试读赠阅"活动,获得赠阅精品图书!

读者在线调查: http://www.sojump.com/jq/1275943.aspx

读者信息反馈表(加黑为必填内容)

姓名:	性别: □ 男 □ 女		年龄:		学历:
工作单位:				职务:	
通信地址:				邮政编码:	
电话:	E-mail:			QQ/MSN:	
职业(可多选):	□管理岗位 □政府官员 □学校教师 □学者 □在读学生 □开发人员 □自由职业				
所购书籍书名		所购书籍作者名			
您感兴趣的图书类别 (如:图形图像类,软件开发类,办公应用类)					

(此反馈表可以邮寄、传真方式,或将该表拍照以电子邮件方式反馈我们)。

联系方式

通信地址:北京市西城区百万庄大街22号计算
　　　　　机分社
邮政编码:100037

联系电话:010-88379750
传　　真:010-88379736
电子邮件:cmp_itbook@163.com

请关注我社官方微博: http://weibo.com/cmpjsj

第一时间了解新书动态,获知书友会活动信息,与读者、作者、编辑们互动交流!